U0153662

▲愛因斯坦（Albert Einstein, 1879-1955）

◀ 14 歲時的愛因斯坦和妹妹瑪雅。根據瑪雅的回憶:「即使有一夥吵鬧不休的人在周圍,愛因斯坦也可以在沙發上躺下來,拿起筆和紙,把墨水瓶很不安全地放在背架上,全神貫注於一個問題的思考,周圍的噪音非但沒有打擾他,反而激發了他的思想。」

▶ 慕尼黑盧伊特波爾德中學(Luitpold-Gymnasium)。愛因斯坦曾在這裡就讀,該校在「二戰」中被毀。那時候的德國高中過分強調人文學科,而不重視科學與數學。愛因斯坦在這裡經常遭受打擊,他後來很少提及這段不幸的日子。

▶ 1895 年,愛因斯坦來到蘇黎世以西的阿勞州立中學。與慕尼黑的學校相比,這裡奉行的是瑞士教育改革家佩斯特拉齊的自由教育理念,專制主義氣氛較少。

◀ 1896年愛因斯坦在中學畢業考試的法語作文中寫道:「如果能順利通過考試,我將到蘇黎世聯邦理工學院攻讀數學和物理」。圖為在蘇黎世聯邦理工學院讀書時的愛因斯坦。

▲愛因斯坦時期的蘇黎世聯邦理工學院的物理樓。大學裡並沒有太多讓他感興趣的理論物理學課程,愛因斯坦常常逃課,以自學著稱。

▲大學時期的愛因斯坦偶爾去聽音樂會或在Odeon咖啡館和朋友聊天。圖為今日的Odeon咖啡館。

▲今日的蘇黎世聯邦理工學院。

愛因斯坦常常陶醉在美妙的古典音樂中，並在美的和諧中觸摸宇宙的「神經」。他曾經說過，我的科學成就很多是從音樂啟發而來的。音樂啟迪著他的智慧和靈感，豐富著他的精神生活，為他潛心探索科學問題創造了必要的條件。正如鋼琴家莫斯考夫斯基所說：「扶搖直上的巴赫音樂使愛因斯坦不僅聯想到聳入云端的哥特式教堂的結構形狀，而且還聯想到數學結構的嚴密邏輯。」

▶愛因斯坦一生喜歡拉小提琴，常常與朋友同事一起演奏。愛因斯坦的兒子漢斯說：與其說我的父親是物理學家，不如說他是一位藝術家。

▼愛因斯坦在彈鋼琴。巴赫和莫札特是他最喜愛的音樂家。

▲退休後的愛因斯坦仍是一位出色的小提琴演奏者。1930 年 12 月。他在駛離紐約的貝爾根蘭號（Belgenland）郵輪上進行了一次彩排，在參加美國科學院的會議時，他總帶著他那心愛的樂器。

▲愛因斯坦與大提琴家門德爾松（Francesco von Mendelssohn）
和鋼琴家埃斯納（Brimp Eosner）一起在他位於柏林哈伯蘭大街
5 號的家中。

▲ 1933 年 11 月，愛因斯坦與大提琴手基斯金（Ossip Giskin）、
小提琴手塞德爾（Toscha Seidel）和奧科（Bernard Ocko）在他
普林斯頓的住所。

▲ 1923 年 2 月 25 日，愛因斯坦與西班牙塔拉戈納省 Espluga Francoli 村裡的小孩子在一起。

▶ 約 1950 年，愛因斯坦與三個小女孩在聊天。

▶ 1946 年 9 月，愛因斯坦抱著 8 個月大的小女孩。在照相時他說：「將來她看起來一定會像義大利的聖母瑪利亞畫像。」

▲ 1949 年，愛因斯坦與有幸躲過大屠殺的猶太難民的孩子們在普林斯頓的家中。

▲ 1951 年 7 月 13 日愛因斯坦抱著鄰居的小孩。

◀自從 1910 年起，每年愛因斯坦的名字都會出現在諾貝爾物理學獎提名名單中，這個過程堪稱 20 世紀審美評斷的一場較量。1922 年，評審委員會決定繞過相對論這個「爭論太多」的障礙，直接以光電效應定律的貢獻把1921 年空缺下來的物理學獎授予愛因斯坦。

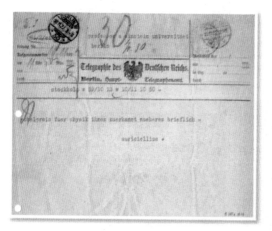

◀1922 年 11 月 10 日，瑞典皇家學院秘書代表諾貝爾委員會發送給愛因斯坦的電報：「授予您諾貝爾物理學獎，詳見後信。」也許讓愛因斯坦感到好笑的是，授獎通知上面特別指出：他在獲獎演說時僅限於正式的獲獎理由，而不得提到相對論。1923 年 7 月，愛因斯坦在瑞典哥德堡作獲獎報告時，題目是「相對論的基本思想和報告。」

◀可以說，在愛因斯坦獲獎過程的這場較量中，不僅相對論獲得了最終的認可，而且理論物理學的重要研究方法也由此獲得了重大的勝利。所以愛因斯坦獲得諾貝爾物理學獎這一件事是一個分水嶺，在科學美學歷史發展的進程中有著非同一般的意義。

▲愛因斯坦，20 世紀最偉大的科學家、思想家。

愛因斯坦一生的和平活動分爲三個時期：「一戰」爆發到納粹竊權（1914-1933），納粹竊權到「二戰」（1933-1945），「二戰」之後直至他逝世（1945-1955）。在第一個時期，他積極從事公開的和秘密的反戰活動，號召拒服兵役，戰後爲恢復各國人民之間的相互諒解四處奔走，參與國際知識分子合作委員會。在第二個時期，他告別絕對和平主義，呼籲愛好和平的人民提高警惕，防止納粹的進攻，並挺身而出反對德國軍國主義和法西斯主義，反對英國的綏靖主義和美國的孤立主義。在第三個時期，他爲根除戰爭加緊倡導世界政府的建立，大力反對冷戰和核戰爭威脅，反對美國國內的政治迫害。

◀ 1923 年 2 月 8 日愛因斯坦在以色列特拉維夫舉行的一場招待會上，他被授予榮譽市民的稱號。1952 年，以色列總理本─古里安邀請愛因斯坦擔任以色列總統，愛因斯坦回絕了。

◀ 1924 年，愛因斯坦在德國的猶太學生聯合會上講話。當時德國的反猶主義情緒正在不斷高漲。在愛因斯坦看來，猶太人應當樹立信心，自力更生，而不是向他們的宿主社會求援。泰戈爾對同一時期的印度人和英國殖民力量也持類似看法，這就是愛因斯坦和泰戈爾爲什麼在社會態度上有許多共同語言的原因。

▲ 1930 年夏天，愛因斯坦和印度詩人泰戈爾在伯林。愛因斯坦雖然並不贊同泰戈爾的哲學，卻同意他對社會和政治的看法。他們的討論內容涵蓋了哲學問題和當代的問題，引起了公眾的注意。

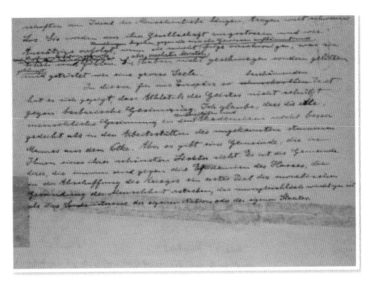

▲愛因斯坦寫給《書友》（*Liber Amicorum*）的稿件的草稿，於 1926 年 1 月 29 日在羅曼·羅蘭 60 歲生日之際發表。愛因斯坦與羅曼·羅蘭都熱情地致力於和平事業。

▲ 1923 年，愛因斯坦參加在柏林舉行的反戰示威遊行。

▲ 1933 年 10 月，在倫敦皇家阿爾伯特大廳，愛因斯坦和許多著名的演講者在那集會，幫助猶太難民基金籌款。當時的愛因斯坦剛剛離開德國，在英國過著逃亡生活，不久就要前往美國。在排隊等候的時候，愛因斯坦在與奧利弗·蘭普森切磋。挨著他左側坐著的是被譽為「核物理之父」的歐內斯特·盧瑟福。

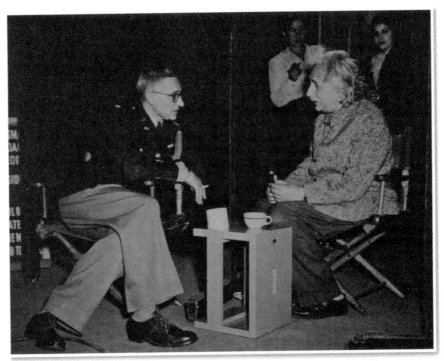

▲ 從 1943 年 6 月到 1944 年 10 月，愛因斯坦在美國海軍擔任顧問性質的職位。愛因斯坦曾給羅斯福總統寫信，信中強調關於生產原子彈可行性及進行大規模實驗的必要性。他說過：「我清楚地意識到如果實驗成功會對人類帶來多大的威脅。但是我又感到不得不採取這樣的行動，因為看起來德國也正在進行這類實驗。我別無選擇，儘管我是一個和平主義者。」

▶ 1950 年 2 月 10 日，愛因斯坦在普林斯頓的電視節目《今天和羅斯福夫人有約》錄製現場。他認為科學家肩負特殊的責任，需要告訴人民核戰爭的危害性。

愛因斯坦的科學理論是象牙塔之內的陽春白雪，但是他卻走出象牙塔，身體力行，義無反顧地投身到各種有益的社會政治活動中去。他對真善美古道熱腸，對假惡醜疾惡如仇，具有高度的社會責任感和永不泯滅的科學良心。他覺得。對社會上非常惡劣和不幸的狀況保持沉默，無異於「同謀罪」。他的自由心靈、獨立的人格、仁愛的人性、高潔的人口，以及富有魅力的個性，使世人「高山仰止，景行行止」。愛因斯坦的為人，贏得了人們的廣泛尊敬和仰慕。

◀正在閱讀信件的愛因斯坦塑像。

▲韓國科學博物館為紀念愛因斯坦誕辰 100 周年製作的愛因斯坦蠟像。

▶愛因斯坦雕像

▼雕塑家艾普斯坦（Jacob Epstein, 1880-1959）爵士和愛因斯坦的半身像。

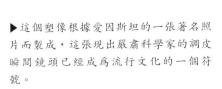

▶這個塑像根據愛因斯坦的一張著名照片而製成，這張現出嚴肅科學家的調皮瞬間鏡頭已經成爲流行文化的一個符號。

愛因斯坦的當代意義主要在於他的思想、精神和人格。他是科學思想家或哲人科學家；他的科學思想和科學方法，在現在依然是科學家銳利的方法論武器；「多元張力哲學」是 20 世紀科學哲學的集大成和思想巔峰，時至今日還在引領科學和哲學的新潮流；社會哲學和人生哲學是 21 世紀促進科學文化和人文文化的匯流和整合的強大動力。

思想的·睿智的·獨見的

經典名著文庫

學術評議

丘為君　吳惠林　宋鎮照　林玉体　邱燮友
洪漢鼎　孫效智　秦夢群　高明士　高宣揚
張光宇　張炳陽　陳秀蓉　陳思賢　陳清秀
陳鼓應　曾永義　黃光國　黃光雄　黃昆輝
黃政傑　楊維哲　葉海煙　葉國良　廖達琪
劉滄龍　黎建球　盧美貴　薛化元　謝宗林
簡成熙　顏厥安（以姓氏筆畫排序）

策劃　楊榮川

五南圖書出版公司 印行

經典名著文庫

學術評議者簡介（依姓氏筆畫排序）

- 丘為君　美國俄亥俄州立大學歷史研究所博士
- 吳惠林　美國芝加哥大學經濟系訪問研究、臺灣大學經濟系博士
- 宋鎮照　美國佛羅里達大學社會學博士
- 林玉体　美國愛荷華大學哲學博士
- 邱燮友　國立臺灣師範大學國文研究所文學碩士
- 洪漢鼎　德國杜塞爾多夫大學榮譽博士
- 孫效智　德國慕尼黑哲學院哲學博士
- 秦夢群　美國麥迪遜威斯康辛大學博士
- 高明士　日本東京大學歷史學博士
- 高宣揚　巴黎第一大學哲學系博士
- 張光宇　美國加州大學柏克萊校區語言學博士
- 張炳陽　國立臺灣大學哲學研究所博士
- 陳秀蓉　國立臺灣大學理學院心理學研究所臨床心理學組博士
- 陳思賢　美國約翰霍普金斯大學政治學博士
- 陳清秀　美國喬治城大學訪問研究、臺灣大學法學博士
- 陳鼓應　國立臺灣大學哲學研究所
- 曾永義　國家文學博士、中央研究院院士
- 黃光國　美國夏威夷大學社會心理學博士
- 黃光雄　國家教育學博士
- 黃昆輝　美國北科羅拉多州立大學博士
- 黃政傑　美國麥迪遜威斯康辛大學博士
- 楊維哲　美國普林斯頓大學數學博士
- 葉海煙　私立輔仁大學哲學研究所博士
- 葉國良　國立臺灣大學中文所博士
- 廖達琪　美國密西根大學政治學博士
- 劉滄龍　德國柏林洪堡大學哲學博士
- 黎建球　私立輔仁大學哲學研究所博士
- 盧美貴　國立臺灣師範大學教育學博士
- 薛化元　國立臺灣大學歷史學系博士
- 謝宗林　美國聖路易華盛頓大學經濟研究所博士候選人
- 簡成熙　國立高雄師範大學教育研究所博士
- 顏厥安　德國慕尼黑大學法學博士

經典名著文庫136
相對論的意義：在普林斯頓大學的四個講座
The Meaning of Relativity

愛因斯坦 著
（Albert Einstein）
李灝 譯注

經 典 永 恆‧名 著 常 在

五十週年的獻禮‧「經典名著文庫」出版緣起

　　五南，五十年了。半個世紀，人生旅程的一大半，我們走過來了。不敢說有多大成就，至少沒有凋零。

　　五南忝為學術出版的一員，在大專教材、學術專著、知識讀本已出版逾七千種之後，面對著當今圖書界媚俗的追逐、淺碟化的內容以及碎片化的資訊圖景當中，我們思索著：邁向百年的未來歷程裡，我們能為知識界、文化學術界作些什麼？在速食文化的生態下，有什麼值得讓人雋永品味的？

　　歷代經典‧當今名著，經過時間的洗禮，千錘百鍊，流傳至今，光芒耀人；不僅使我們能領悟前人的智慧，同時也增深我們思考的深度與視野。十九世紀唯意志論開創者叔本華，在其「論閱讀和書籍」文中指出：「對任何時代所謂的暢銷書要持謹慎的態度。」他覺得讀書應該精挑細選，把時間用來閱讀那些「古今中外的偉大人物的著作」，閱讀那些「站在人類之巔的著作及享受不朽聲譽的人們的作品」。閱讀就要「讀原著」，是他的體悟。他甚至認為，閱讀經典原著，勝過於親炙教誨。他說：

　　「一個人的著作是這個人的思想菁華。所以，儘管
　　一個人具有偉大的思想能力，但閱讀這個人的著作
　　總會比與這個人的交往獲得更多的內容。就最重要

的方面而言，閱讀這些著作的確可以取代，甚至遠
遠超過與這個人的近身交往。」

為什麼？原因正在於這些著作正是他思想的完整呈現，是他所
有的思考、研究和學習的結果；而與這個人的交往卻是片斷
的、支離的、隨機的。何況，想與之交談，如今時空，只能徒
呼負負，空留神往而已。

　　三十歲就當芝加哥大學校長、四十六歲榮任名譽校長的赫
欽斯（Robert M. Hutchins, 1899-1977），是力倡人文教育的
大師。「教育要教真理」，是其名言，強調「經典就是人文教
育最佳的方式」。他認為：

　　「西方學術思想傳遞下來的永恆學識，即那些不因
　　時代變遷而有所減損其價值的古代經典及現代名
　　著，乃是真正的文化菁華所在。」

這些經典在一定程度上代表西方文明發展的軌跡，故而他為
大學擬訂了從柏拉圖的「理想國」，以至愛因斯坦的「相對
論」，構成著名的「大學百本經典名著課程」。成為大學通識
教育課程的典範。

　　歷代經典・當今名著，超越了時空，價值永恆。五南跟業
界一樣，過去已偶有引進，但都未系統化的完整舖陳。我們決
心投入巨資，有計畫的系統梳選，成立「經典名著文庫」，希
望收入古今中外思想性的、充滿睿智與獨見的經典、名著，包
括：

- 歷經千百年的時間洗禮，依然耀明的著作。遠溯二千三百年前，亞里斯多德的《尼克瑪克倫理學》、柏拉圖的《理想國》，還有奧古斯丁的《懺悔錄》。
- 聲震寰宇、澤流遐裔的著作。西方哲學不用說，東方哲學中，我國的孔孟、老莊哲學、古印度毗耶娑（Vyāsa）的《薄伽梵歌》、日本鈴木大拙的《禪與心理分析》，都不缺漏。
- 成就一家之言，獨領風騷之名著。諸如伽森狄（Pierre Gassendi）與笛卡兒論戰的《對笛卡兒『沉思』的詰難》、達爾文（Darwin）的《物種起源》、米塞斯（Mises）的《人的行為》，以至當今印度獲得諾貝爾經濟學獎阿馬蒂亞・森（Amartya Sen）的《貧困與饑荒》，及法國當代的哲學家及漢學家余蓮（François Jullien）的《功效論》。

梳選的書目已超過七百種，初期計劃首為三百種。先從思想性的經典開始，漸次及於專業性的論著。「江山代有才人出，各領風騷數百年」，這是一項理想性的、永續性的巨大出版工程。不在意讀者的眾寡，只考慮它的學術價值，力求完整展現先哲思想的軌跡。雖然不符合商業經營模式的考量，但只要能為知識界開啓一片智慧之窗，營造一座百花綻放的世界文明公園，任君遨遊、取菁吸蜜、嘉惠學子，於願足矣！

最後，要感謝學界的支持與熱心參與。擔任「學術評議」的專家，義務的提供建言；各書「導讀」的撰寫者，不計代價地導引讀者進入堂奧；而著譯者日以繼夜，伏案疾書，更

是辛苦，感謝你們。也期待熱心文化傳承的智者參與耕耘，共
同經營這座「世界文明公園」。如能得到廣大讀者的共鳴與滋
潤，那麼經典永恆，名著常在。就不是夢想了！

總策劃　楊榮川

二〇一七年八月一日

導　讀

中原大學物理學系教授　高崇文

一、愛因斯坦的生平與成就

　　愛因斯坦無疑是 20 世紀最著名的物理學家，他的生平也因此常遭人渲染甚至被扭曲誤解，在這裡我們力求還原他的真實面貌。

　　愛因斯坦於 1879 年 3 月 14 日出生於德國烏爾姆市一個世俗化的猶太家庭。1880 年，舉家遷往慕尼黑，他的父親在那裡經營一間電器公司。他曾回憶說：年幼時，父親送了一只羅盤給他，當時對於磁針的作用感到非常著迷。這是他第一次感受到宇宙法則的力量。

　　愛因斯坦 5 歲時進入一所天主教小學就讀；8 歲時，他轉學到路特波德文理中學，在此獲得了良好的數學、科學與古典語言（拉丁文，希臘文）的傳統教育。13 歲時迷上了康德的純粹理性批判，並曾自問：「若是駕著光，將會看到何種景象？」顯見他獨特的想像力與優異的理解力。

　　1894 年，他們家經營的電器公司，因無法從直流電轉換成慕尼黑市要求的交流電系統而失去競爭力，被迫關門，全家搬到義大利的帕維亞，只有愛因斯坦因為需要完成中學學業，而留在慕尼黑，寄宿在遠房親戚家。但是愛因斯坦對當時強調服從的普魯士式校風與填鴨式的學習方式非常反感。那年年底，他藉口身體不適，毅然地退學，搬去帕維亞與家人會合。同此他免除了德意志帝國的兵役義務。後來，

他索性放棄德國國籍，成為無國籍的身分。

1895 年，年僅 16 歲的愛因斯坦參加了瑞士的蘇黎世聯邦理工學院的入學考試。雖然他在數理科得到高分，但古典語言沒有過關，因此名落孫山。理工學院的院長建議先進入瑞士阿勞的一所中學就讀。隔年 9 月，他成功通過瑞士高中畢業考試，大部分學科都獲得優良成績，特別是在物理與數學兩個學科，都得到了最高分 6 分。傳言年輕的愛因斯坦學業成績不佳，並非事實。

1896 年，年僅 17 歲的愛因斯坦獲准進入蘇黎世聯邦理工學院攻讀物理。四年後畢業。但由於與教授關係不佳，使他無法留校擔任助教，接下來的兩年，他都無法找到教職。雖然他在 1901 年獲得瑞士國籍，但因健康因素，沒有被徵召入伍。1902 年他在大學同學馬塞爾·格羅斯曼的父親協助下，成為伯恩瑞士專利局職員，並在 1903 年成為正式職員。他利用閒暇之餘研究科學，並且和幾位好友組成討論小組，自嘲地取名為「奧林匹亞學院」。他們定期聚集在一起，共同閱讀討論龐加萊、馬赫和休謨以及波茲曼的著作。馬赫與波茲曼對他影響尤大。愛因斯坦在專利局的工作很多都是與電信號傳遞、機電時間的同步化這類技術問題有關，這些時常出現在愛因斯坦的思想實驗裡，幫助愛因斯坦作出關於光與時空之間基礎關聯的大膽結論。愛因斯坦後來回憶這段時間時，曾說：「那是我一生最快樂的年頭，沒有人期待我生金蛋」。

1905 年，他發表了關於〈光電效應〉、〈布朗運動〉、〈狹義相對論〉、〈質量和能量關係〉的四篇論文，

愛因斯坦一鳴驚人，這一年也被稱爲「奇蹟年」（Annus mirabilis）。他的博士論文〈分子大小的新測定法〉也在這一年被蘇黎世大學接受。伯恩大學在 1908 年聘請他爲講師，但因薪俸微薄，他仍留在專利局工作。隔年，蘇黎世大學新設立了一個理論物理學副教授席位，愛因斯坦成爲蘇黎世大學的理論物理學副教授後，才辭去了專利局的工作。在名望與薪資的吸引下，愛因斯坦 1911 年轉任布拉格的查理大學的教授，同時成爲奧匈帝國的公民。短短一年內，他寫了 11 篇科學論文。1912 年 7 月，他回到母校蘇黎世聯邦理工學院擔任理論物理學教授。

　　1914 年他應普朗克和能斯特的邀請，回到德國擔任威廉皇家物理研究所的第一任所長兼柏林洪堡大學教授，很快地，他當選爲普魯士科學院院士。由於職務的關係，他又恢復了德國國籍。然而第一次世界隨即爆發，愛因斯坦深陷個人生活的危機。他與妻兒分居兩地，最後以離婚收場。此外愛因斯坦向來嫌惡軍國主義，所以當他秉持一貫立場，拒絕簽署《九三宣言》時，引起眾人側目。《九三宣言》是由 93 位傑出的德國學者、藝術家聯名發布的聲明，表明他們對德國在戰爭初期軍事行動的堅定支持。與愛因斯坦友好的普朗克與能斯特都簽署了這份聲明。事實上，愛因斯坦年輕時與左翼激進人士過從甚密，他的好友阿德勒（Friedrich Adler）甚至在 1916 年刺殺奧匈帝國首相 Karl von Stürgkh 伯爵，這讓他在柏林處境更加尷尬。然而，這個時期也是愛因斯坦事業的高峰，他於 1915 年發表了廣義相對論，斷言光線經過太陽重力場時會被彎曲。1916 年，他甚至獲選爲

德國物理學會的會長（1916-1918）。

1919 年 5 月，英國天文學家亞瑟・愛丁頓的日食觀測證實了這個預測，眾多新聞媒體都以頭版報導這個消息。愛因斯坦因此名滿天下，成爲家喻戶曉的物理學者。他在 1922 年因爲光量子理論而得到 1921 年諾貝爾物理學獎。愛因斯坦在 1921-1922 期間訪問了美國以及亞洲，到處受到熱烈歡迎。愛因斯坦也善用他的知名度，宣揚他的政治主張。他是威瑪共和堅定的支持者，也是猶太復國運動的推動者，這讓他不斷身陷風暴之中。1922 年被暗殺的猶太裔德國外交部長阿特瑙（Walther Rathenau）正是愛因斯坦的朋友。在威瑪共和時期，愛因斯坦一方面努力促進德國學界與英法等國學者和解，另一方面也活躍於國際聯盟架構下的組織。不意外地，他成爲日益壯大的納粹黨的眼中釘。

1933 年 1 月，納粹黨魁希特勒成爲德國總理，愛因斯坦當時正在美國。當年 3 月，愛因斯坦與妻子坐船返歐。就在歸途中，愛因斯坦獲知納粹闖入了他的暑假小屋，又沒收了他的心愛小船。他知道大勢已去，所以當他抵達安特衛普後，立刻到德國大使館繳回護照，並且宣布再度放棄德國國籍，向普魯士科學院提出辭呈。10 月愛因斯坦成爲美國普林斯頓高等研究院的教授，從此沒有再踏上歐洲一步。

1939 年，包括西拉德、泰勒、維格納的一群猶太裔流亡物理學家揭露納粹德國正在進行的原子彈研究；他們判斷德國可能製造出原子彈而希特勒會毫不猶豫地使用它來滿足自己的野心。他們拜訪愛因斯坦，希望藉助他的崇高聲望讓美國警覺到這個威脅。於是他在西拉德草擬寫給美國總統

富蘭克林・羅斯福的信上簽名。後來美國參戰並展開曼哈頓計畫，成功研製出原子彈。愛因斯坦在戰後對此表示悔恨。他曾對老朋友萊納斯・鮑林說：「我一生之中犯了一個巨大的錯誤：我簽署了那封要求羅斯福總統製造核武器的信。但是犯這錯誤是有原因的：德國人製造核武器的危險是存在的。」

1955 年 4 月 13 日，愛因斯坦的腹主動脈瘤破裂，醫生建議立刻動手術，但愛因斯坦堅決拒絕，他表示：「當我想要離去的時候請讓我離去，一味地延長生命是毫無意義的。我已經完成了我該做的。現在是該離去的時候了，我要優雅地離去。」他在五天後過世，享壽 76 歲。眾人遵照遺囑，將遺體火化，骨灰隨即撒在附近的德拉瓦河裡。只有 12 人在場參加了簡單儀式。就在死前幾天，他與英國哲學家羅素共同簽署《羅素－愛因斯坦宣言》，強調核武的危險性。該宣言七月才公諸於世。

二、相對論的生成背景與演進過程

相對論產生的背景是源自於對光的傳播所做的研究所衍生的諸多矛盾。這些矛盾的根源則是來自電磁現象與時間，空間的關係，與牛頓力學系統中物理現象與時間，空間的預設關係，兩者無法相容所致。

19 世紀最重要的科學成就是馬克斯威爾提出的電磁方程式，由此馬克斯威爾不僅提出電磁波的可能性，更直指光其實就是波長在特定範圍內的電磁波。當時科學家普遍相信

電磁波是乙太的波動現象，而電磁現象所遵守的馬克斯威爾方程式也只在乙太的靜止座標系才成立。但是為了解釋光通過與乙太有相對運動的介質的種種行為，物理學家必須引入許多不尋常的假設，像是介質與乙太的相對運動會牽曳部分的乙太，甚至物體與乙太有相對運動時，物體會產生所謂的「羅倫茲收縮」，這些效應當時都用乙太的力學性質來解釋。

然而令科學家感到棘手的是電磁現象相關的時間也會隨著與乙太的相對速度而改變，當時的科學家，如羅倫茲與龐加萊，都認為這個「時間」只有數學上的意義，與物理的「真實時間」無關。所以即使他們已經得到完整的時空變換公式，但是其詮釋卻還籠罩在乙太造成的濃霧之中。

這一切在愛因斯坦發表《論運動物體的電動力學》（1905）後徹底改觀！愛因斯坦否定乙太的存在，一掃先前的混淆與誤解，可謂是科學史上最著名的一次「斬斷哥丁結」。既然沒有乙太，對電磁現象而言，就不存在任何一個特殊的座標系，那麼，馬克斯威爾方程式在每個慣性系都該成立，既然如此，由馬克斯威爾方程式所推出的光速也必定相同。這正是愛因斯坦提出了兩個基本公設：「相對性原理」以及「光速不變」背後的思維。

按照這兩個基本公設，愛因斯坦將慣性系的座標變換從原先的伽利略變換改成羅倫茲變換，從而化解了馬克斯威爾方程式與古典力學之間的矛盾。愛因斯坦接著推導出質能方程式。這意味著能量和質量的本質相同，彼此可以相互轉換。後來閔考夫斯基採用四維平直時空來描述物理現象，電

磁學與力學都能優美地用四維向量來表述，相對論的第一階段於焉完成。

　　相對論的第二階段完全是由愛因斯坦獨力所開啟。原先的相對原理僅限於彼此做等速直線運動的座標系之間，然而愛因斯坦卻進一步將相對原理推廣至彼此間做等加速度運動的情況。他在 1907 年的一篇論文指出：一個對慣性系做等加速度運動的座標系上的觀察者，與一個在均勻重力場中的觀察者看到的物理現象一模一樣，無法分辨，這是因為重力質量總是等於慣性質量，所以在均勻重力場中，所有物體都受到相同的重力加速度。這個看似非常平凡的觀察正是廣義相對論的基石。後來被稱為「等效原理」（Equivalence Principle）因為這等於宣告，任何均勻重力場都可以透過轉換到加速座標系而消失！愛因斯坦由此預測光線在重力場中會產生偏折，而時鐘在重力場中也會變慢。所以廣義相對論搖身一變成為重力場的理論。

　　然而真實的重力場並非均勻的重力場。那麼如何利用等效原理來處理呢？那就必須在不同的時空點變換到做不同加速度的座標系才能讓重力場消失。愛因斯坦領悟到這與描寫曲面時必須不斷改變座標框架是同樣的道理，由此他體認到重力的效應可視為是時空的彎曲，所以重力理論應該是一個彎曲四維時空的幾何理論。愛因斯坦找來大學同學格羅斯曼來幫助他解決數學方面的問題。經過反覆的推敲與幾次失敗的嘗試，他終於在 1915 年 11 月突破了瓶頸，神速地發表四篇相關的論文。其中第三篇論文詳細分析水星的反常進動現象，所得到的理論數值與實驗數據完全符合，並且還修正了

先前對於光在重力場中發生的偏折所做的估算。第四篇論文則給出具有廣義協變性的場方程式，後來稱為愛因斯坦場方程式，廣義相對論於焉大功告成。

除了成功地解釋了水星近日點的進動，廣義相對論還預測了光被重力場所偏折。這個現象在 1919 年被證實，這讓廣義相對論頓時洛陽紙貴。此外，愛因斯坦在 1916 年還預測了重力波的存在。根據廣義相對論，重力波是時空曲率的連漪以波動的形式從波源向外傳播，能量也向外傳輸。重力波極為微弱，但是科學家不屈不撓，終於 2016 年 2 月 11 日，正好在愛因斯坦預言發表 100 年之後，LIGO 團隊宣布，探測到了重力波，這是廣義相對論的一次重大勝利。

相對論完全改變了人類對時空本質的理解。此前，時間與空間的性質是先驗地被預設，與物質無關，嚴格說來，只是物理現象的背景。但是相對論將時間與空間變成物理現象不可分割的一部分，換言之，時空也成為物理研究的對象，現代的宇宙論的開端實肇於此。在廣義相對論出現之前，物理學家設想的宇宙是平直、無限、永恆，嚴格地講，這樣的宇宙沒有什麼結構值得研究，但是廣義相對論完全改變了人類對宇宙全景的理解。愛因斯坦在 1917 年應用廣義相對論來建模整個宇宙結構，他認為宇宙的範圍是有限，並且不具有任何邊界，但是，根據愛因斯坦場方程式，靜態宇宙不可能存在，為了使宇宙保持靜態，愛因斯坦在他的方程式中加入了一個宇宙常數項以抗拒重力效應來實現靜態宇宙。然而，愛德溫·哈伯於 1929 年確定宇宙的確處於膨脹狀態。愛因斯坦只好放棄宇宙常數。有趣的是，宇宙常數項現在成

為解釋宇宙加速膨脹的解決方案之一。

三、思想家愛因斯坦

　　愛因斯坦雖然不是專業的哲學家，但絕對是一位影響力強大且深遠的思想家。綜觀他一生的科學成就，可以歸納出他的思想脈絡。正如同文藝復興時期的藝術家以繪畫、雕刻來表達他們的思想一般，愛因斯坦乃是以物理的方程式當作是他表達思想的媒介。

　　愛因斯坦的科學研究最明顯的一個特徵，就是他是一位偉大的整合者。正如同漢密爾頓將光與質點的運動統一在 Hamilton-Jacobi Theory 一般，愛因斯坦的光量子假說開啟了將光與物質本質地統攝在同一個理論中的風潮。而他的狹義相對論則是將時間與空間整合成四維時空，質量與能量兩個概念也整合在他的質能公式中。更進一步能量與動量也整合成能量－動量張量。他畢生最高的成就，廣義相對論更是能量－動量張量與時空的曲率統合在愛因斯坦場方程之中。換言之，時空與物質被整合成一個物理實體！這樣宏偉的工作背後是一股熾熱追求單一實體的熱情與信心，這也反映在他晚年不斷追求將電磁作用與重力結合在一起的統一理論上。雖然愛因斯坦並沒有完成這個目標，但是追求一個「最終的萬物理論」仍然是驅動現在物理學家的動機之一。

　　另一項愛因斯坦篤信不移的信念是決定因果關係之物理定律的有效性。相對論仍然保持著古典物理中的定命式描述，意即只要設定了初始條件和邊界條件，物理理論有能

力計算出之後所有的物理狀態。這就是他始終抗拒「黑洞」這個源自廣義相對論的概念，因為物理定律無法預測黑洞內的狀態。而愛因斯坦執拗地反對新生的量子力學也是因為他無法接受只能給予機率性質預測的物理理論。雖然愛因斯坦在量子物理發展的早期扮演了重要的推手，他對力學系統的統計性質也非常地熟悉，但是愛因斯坦對於因果律的堅持終生不渝。讓他與波爾在第五次索維爾會議中針鋒相對。後來他提出有名的愛因斯坦－波多爾斯基－羅森悖論（Einstein-Podolsky-Rosen paradox）試圖證明量子力學並非最終理論，顯明了他對定命式描述的堅持。

愛因斯坦曾說「神不丟骰子」、「神不會心懷惡意」。這並非一時戲言，毋寧是他內心誠摯的宣告。他在 1929 年，回答美國猶太領袖拉比赫伯特‧高德斯坦時說道：「我相信史賓諾莎的神，一個透過存在事物的和諧有序體現自己的神，而不是一個關心人類命運和行為的神。」事實上，愛因斯坦的科學成就甚至可視為史賓諾莎思想具體的表現。史賓諾莎認為宇宙間只有一種最高實體，即作為整體的宇宙本身。他還認為該實體是每件事的「內在因」，它透過自然法則來主宰世界，所以物質世界中發生的每一件事都有其必然性；這與愛因斯坦追求統攝一個適用在宇宙萬物，從極微到極巨的物理現象，全都統攝在一個簡潔而優美的理論架構下，可謂不謀而合。愛因斯坦的和平主義、世界主義，乃至於對權威的質疑，對基於煽動群眾激情而建立的極權統治的反抗，都是源自於對個人理性的尊重，

與史賓諾莎的思想若合符節。這是愛因斯坦做為思想

家，留下對後世不可磨滅的影響的主要原因。

四、關於「相對論的意義」這本書

　　1921 年，愛因斯坦訪問美國時，在普林斯頓大學，以斯塔福德（Stafford）講座名義作了一系列演講：分別以〈在相對論之前的空間與時間物理〉、〈狹義相對論〉、〈廣義相對論〉、〈廣義相對論（續）〉為題，說明相對論的意義。後來普林斯頓大學將這四場演講內容以《相對論的意義》為名集結成書。愛因斯坦在德文版序言曾表示，本書目的是要清晰地呈現整個相對論背後思路的基礎。由於演講設定的聽眾是非物理專業的一般人士，所以這本書的內容也盡可能使用文字，而非方程式來表達。當然，少量數學公式仍是免不了的。後續的修訂版本中，愛因斯坦陸續添加了〈宇宙學問題〉及其最後一篇科學論文〈非對稱場的相對性理論〉。這些內容反映出愛因斯坦對相對論發展的看法，雖然對一般讀者稍微艱深，然而這些內容富有參考價值，仍然值得一讀。

目　錄

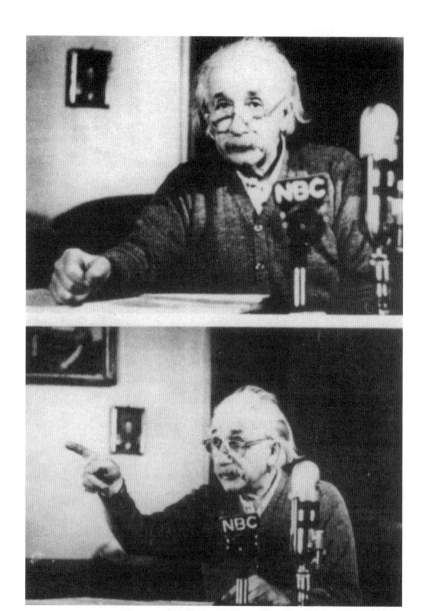

1950 年 2 月 10 日，伊里亞德・羅斯福（Elliott Roosevelt）在愛因斯坦的普林斯頓家中對他進行採訪。兩天後，愛因斯坦關於氫彈的危險以及呼籲在世界政府領導下和平共處的錄影聲明在電視節目《今日和羅斯福夫人有約》中播出。

俄文譯本出版者前言
（節譯）[*]

　　《相對論的意義》是愛因斯坦所寫的系統地闡述狹義相對論和廣義相對論主要結果的唯一書籍。這本書是根據作者1921 年的講稿和後來增入的附錄補充而成，作為最清楚地闡述對物理學的發展發揮革命性影響的思想的書籍之一，本書至今仍然保持著它的意義。

Mes projets d'avenir.

Un homme heureux est trop content du présent pour penser beaucoup à l'avenir. Mais de l'autre côté ce sont surtout les jeunes gens qui aiment s'occuper de hardis projets. Du reste c'est aussi une chose naturelle pour un jeune homme sérieux, qu'il se fasse une idée aussi précise que possible du but de ses désirs.

Si j'avais le bonheur de passer heureusement mes examens, j'irai à l'école polytechnique de Zurich. J'y resterais quatre ans pour étudier les mathématiques et la physique. Je m'imagine (de) devenir professeur dans ces branches de la science de la nature, en choisissant la partie théorique de ces sciences.

1896 年 9 月，愛因斯坦在他畢業考試的法語作文中精確地描述了對未來的計畫。

　　1905 年 9 月，德國《物理年鑑》（*Annalen der Physik*）發表了愛因斯坦的一篇論文〈關於運動媒質的電動力學〉，其中最先提出了相對論的基本原理（或更精確一點說，狹義相對論的基本原理）。

　　論文中指出，從伽利略和牛頓時代以來占統治地位的古典物理學，其應用範圍只限於速度比光速小的情況。新力學和電動力學則擴大了這些界限，它可以解釋與很大運動速度有關的過程的特徵。

　　相對論在物理學上獲得愈來愈大的意義。沒有相對論，就無法了解原子、原子核和宇宙線內發生的過程。愛因斯坦根據相對論建立的質量與能量間的關係 $E = mc^2$，在利用原子核能的問題上發揮決定性的作用。現代的帶電粒子加速器，必須根據相對論力學進行計算。因此，特別是最近幾年來，相對論已經得到了直接的實際應用，它的公式已成為工程計算實踐的一部分。

　　在相對論中提出的相對性思想，是極其深刻和富有成效的，它的意義遠遠超出了只是大速度力學的範圍。這些思想和量子力學思想，使我們對基本粒子的性質的認識大大地向前推進了一步。從相對論不變性的要求出發，得到了元粒子運動的基本量子力學方程；由相對論的關係式，可以確定從一種元粒子轉變為另一種元粒子的轉變。

　　相對論對於了解與時間、空間學說有關的許多原則性問題，曾發揮極其重大的作用。相對論在認識論上的巨大意義，曾使一些資產階級哲學家企圖利用它的結果來獲得反動的結論和歪曲相對論的唯物主義內容。遺憾的是，愛因斯坦

本人有時也助長了這一點，他的某些言論包含了對唯心主義的讓步。因此，應該清楚地辨別相對論的客觀的唯物主義內容和它的某些結果的主觀唯心主義的解釋。

愛因斯坦後來（1916 年）提出的廣義相對論，更進一步推廣了狹義相對論，成為萬有引力學說發展的新階段。廣義相對論的推論，已為一系列的天文觀測所證實，它在宇宙學上具有重大的意義。

《相對論的意義》是愛因斯坦所寫的系統地闡述狹義相對論和廣義相對論主要結果的唯一書籍。這本書是根據作者 1921 年的講稿和後來增入的附錄補充而成，作為最清楚地闡述對物理學的發展起了革命性影響的思想的書籍之一，本書至今仍然保持著它的意義。

不幸的是，愛因斯坦沒有能夠活到紀念他的奠定相對論基礎的第一篇關於運動媒質電動力學的論文發表五十周年。他於 1955 年 4 月 18 日逝世於美國普林斯頓，享年 76 歲。

第一章

相對論前的空間與時間物理

相對論和空間與時間的理論有密切的聯繫。我們習慣上的空間與時間概念和我們經驗的特性又是怎樣聯繫著的呢？我們的概念和概念體系，之所以能得到承認，其唯一理由就是它們是適合於表示我們的經驗的複合；除此以外，它們並無別的關於理性的根據。在日常生活中確定物體相對位置時，地殼處在如此主要的地位，由此而形成的抽象的空間概念，當然是不能為之辯護的。為了使我們自己免於這項極嚴重的錯誤，我們將只提到「參照物體」或「參照空間」。以後會看到，只是由於廣義相對論才使得這些概念的精細推究成為必要。我們提出問題：除掉曾經用過的笛卡兒座標之外，是否還有其他等效的座標？

Einheitliche Feldtheorie von Gravitation und Elektrizität.

A. Einstein.

Die Überzeugung von der Wesenseinheit des Gravitationsfeldes und des elektromagnetischen Feldes dürfte heute bei den theoretischen Physikern, die auf dem Gebiete der allgemeinen Relativitätstheorie arbeiten, feststehen. Eine überzeugende Formulierung dieses Zusammenhanges scheint mir aber bis heute nicht gelungen zu sein. Auch von meiner in diesen Sitzungsberichten (XVII, 1923) erschienenen Abhandlung, welche ganz auf Eddingtons Grundgedanken basiert war, bin ich überzeugt, dass sie die wahre Lösung des Problems nicht gibt. Nach unablässigem Suchen in den letzten zwei Jahren glaube ich nun die wahre Lösung gefunden zu haben. Ich teile sie im Folgenden mit.

Die benutzte Methode lässt sich wie folgt kennzeichnen. Ich suchte zuerst den formal einfachsten Ausdruck für das Gesetz des Gravitationsfeldes beim Fehlen eines elektromagnetischen Feldes, sodann die natürlichste Verallgemeinerung dieses Gesetzes. Bei dieser zeigte es sich, dass sie in erster Approximation die Maxwell'sche Theorie enthält. Im Folgenden gebe ich gleich das Schema der allgemeinen Theorie (§1), und zeige darauf, in welchem Sinne in dieser das Gesetz des reinen Gravitationsfeldes (§2) und die Maxwell'sche Theorie (§3) enthalten sind.

§1. Die allgemeine Theorie.

Es sei in dem vierdimensionalen Kontinuum ein affiner Zusammenhang gegeben, d. h. ein $\Gamma^\tau_{\alpha\beta}$-Feld, welches infinitesimale Vektor-Verschiebungen gemäss der Relation

$$dA^\alpha = -\Gamma^\alpha_{\alpha\beta} A^\sigma dx^\beta \ldots \ldots (1)$$

definiert. Symmetrie der $\Gamma^\tau_{\alpha\beta}$ bezüglich der Indizes α und β wird nicht vorausgesetzt. Aus diesen Grössen Γ lassen sich dann in bekannter Weise die Tensoren (Riemann'schen) bilden

$$R^\alpha_{\mu,\nu\beta} = -\frac{\partial \Gamma^\alpha_{\mu\nu}}{\partial x_\beta} + \Gamma^\alpha_{\sigma\nu}\Gamma^\sigma_{\mu\beta} + \frac{\partial \Gamma^\alpha_{\mu\beta}}{\partial x_\nu} - \Gamma^\alpha_{\sigma\beta}\Gamma^\sigma_{\mu\nu}$$

und

$$R_{\mu\nu} = R^\alpha_{\mu,\nu\alpha} = -\frac{\partial \Gamma^\alpha_{\mu\nu}}{\partial x_\alpha} + \Gamma^\alpha_{\mu\sigma}\Gamma^\sigma_{\nu\nu} + \frac{\partial \Gamma^\alpha_{\mu\alpha}}{\partial x_\nu} - \Gamma^\alpha_{\mu\nu}\Gamma^\alpha_{\alpha\beta} \quad (2)$$

《引力和電的統一場論》的手稿。

　　相對論和空間與時間的理論有密切的聯繫。因此我要在開始的時候先簡單扼要地考究一下我們的空間與時間概念的起源，雖然我知道這樣做是在提出一個引起爭論的問題。一切科學，不論自然科學還是心理學，其目的都在於使我們的經驗互相協調並將它們納入邏輯體系。我們習慣上的空間與時間概念和我們經驗的特性又是怎樣聯繫著的呢？

　　我們看來，個人的經驗是排成了序列的事件；我們所記得的各個事件在這個序列裡看來是按照「早」和「遲」的標準排列的，而對於這個標準則不能再作進一步的分析了。所以，對於個人來說，就存在著「我」的時間，也就是主觀的時間，其本身是不可測度的。其實我可以用數去和事件如此聯繫起來，使較遲的事件和較早的事件相比，對應於較大的數；然而這種聯繫的性質卻可以是十分隨意的。將一只時計所指出的事件順序和既定事件序列的順序相比較，我就能用這只時計來確定這樣聯繫的意義。我們將時計理解為供給一連串可以計數的事件的東西，它並且還具有一些我們之後會說到的其他性質。

　　每個人在一定的程度上能用語言來比較彼此的經驗。於是就出現各個人的某些感覺是彼此一致的，而對於另一些感覺，卻不能建立起這樣的一致性。我們慣於把每個人共同的因，而多少並非個人特有的感覺當做真實的感覺。自然科學，特別是其中最基本的物理學，就是研究這樣的感覺。物理物體的概念，尤其是剛體的概念，便是這類感覺的一種相對恆定的複合。在同樣的意義下，一個時計也是一個物體或體系，它還具有一個附加的性質，就是它所計數的一連串事

件，是由都可以當做相等的元素構成的。

我們的概念和概念體系之所以能得到承認，其唯一理由就是它們是適合於表示我們的經驗的複合；除此以外，它們並無別的關於理性的根據。我深信哲學家①曾對科學思想的進展產生一種有害的影響，在於他們把某些基本概念從經驗論的領域裡（在那裡它們是受人們制約的）取出來，提到先天論的不可捉摸的頂峰。因為即使看起來觀念世界不能借助於邏輯方法從經驗推導出來，但就一定的意義而言，卻是人類理智的創造，沒有人類的理智，便無科學可言；儘管如此，這個觀念世界之依賴於我們經驗的性質，就像衣裳之依賴於人體的形狀一樣。這對於我們的時間與空間的概念是特別確實的；迫於事實，為了整理這些概念並使它們適於合用的條件，物理學家只好使它們從先天論的奧林帕斯山（Mount Olympus）②落到人間的實地上來。

現在談談我們對於空間的概念和判斷。這裡主要的也在於密切注意經驗對於概念的關係。在我看來，龐加萊（Poincaré）在他的《科學與假設》（*La Science et l'Hypothese*）一書中所作的論述是認識了真理的。在我們所能感覺到的一切剛體變化中間，那些能被我們身體任意的運動抵消的變化是以其簡單性為標誌的；龐加萊稱之為位置的變化。憑簡單的位置變化能使兩個物體相接觸。在幾何

---

① 這裡所說的哲學家應指唯心主義哲學家。——中文譯本編者注。

② 希臘神話傳說奧林帕斯山是神所居之處；這裡就是指天上而言。——中文譯本編者注。

學裡有根本意義的全等定理便和處理這類位置變化的定律
有關。下面的討論看來對於空間概念是重要的。將物體 B，
C，…，附加到物體 A 上能夠形成新的物體；就說我們延伸
物體 A。我們能延伸物體 A，使之與任何其他物體 X 相接
觸。物體 A 的所有延伸的總體可稱爲「物體 A 的空間」。
於是，說一切物體都在「（隨意選擇的）物體 A 的空間」裡，
是正確的。在這個意義下我們不能抽象地談論空間，而只能
說「屬於物體 A 的空間」。在日常生活中確定物體相對位
置時，地殼處在如此主要的地位，由此而形成的抽象的空間
概念，當然是不能爲之辯護的。爲了使我們自己免於這項極
嚴重的錯誤，我們將只提到「參照物體」或「參照空間」。
以後會看到，只是由於廣義相對論才使得這些概念的精細推
究成爲必要。

　　我不打算詳細考究參照空間的某些性質，這些性質導
致我們將點設想爲空間的元素，將空間設想爲連續區域。
我也不企圖進一步分析一些表示連續點列或線的概念爲合理
的空間性質。如果假定了這些概念以及它們和經驗的固體的
關係，那就容易說出空間的三維性是指什麼而言；對於每個
點，可以使它與三個數 x_1，x_2，x_3（座標）相聯繫，辦法是
要使這種聯繫成爲唯一地相互的，而且當這個點描畫一個連
續的點系列（一條線）時，它們就作連續的變化。

　　在相對論之前的物理學裡，假定理想剛體位形的定律是
符合於歐幾里得幾何學的。這個意義可以表示如下：標誌在
剛體上的兩點構成一個間隔。這樣的間隔可取多種方向和我
們的參照空間處於相對的靜止。如果現在能用座標 x_1，x_2，

x_3 表示這個空間裡的點，使得間隔兩端的座標差 Δx_1，Δx_2，Δx_3，對於間隔所取的每種方向，都有相同的平方和，

$$s^2 = \Delta x_1^2 + \Delta x_2^2 + \Delta x_3^2$$

則這樣的參照空間稱爲歐幾里得空間，而這樣的座標便稱爲笛卡兒座標。[③] 其實，就以把間隔推到無限小的極限而論，作這樣的假定就夠了。還有些不很特殊的假設包含在這個假設裡；由於這些假設具有根本的意義，必須喚起注意。首先，假設了可以隨意移動理想剛體。其次，假設了理想剛體對於取向所表現的行爲與物體的材料以及其位置的改變無關，這意味著只要能使兩個間隔重合，則隨時隨處都能使它們重合。對於幾何學，特別是對於物理量度有根本重要性的這兩個假設，自然是由經驗得來的；在廣義相對論裡，需假定這兩個假設只對於那些和天文的尺度相比是無限小的物體與參照空間才是有效的。

量 s 稱爲間隔的長度。爲了能唯一地確定這樣的量，需要隨意地規定一個指定間隔的長度；例如，令它等於 1（長度單位）。於是就可以確定所有其他間隔的長度。如果使 x_v 線性地依賴於參量 λ，

$$x_v = a_v + \lambda b_v$$

───────────────

[③] 這關係必須對於任意選擇的原點和間隔方向（比率 $\Delta x_1 : \Delta x_2 : \Delta x_3$）都能成立。

便得到一條線，它具有歐幾里得幾何學裡直線的一切性質。舉個特例，容易推知：將間隔 s 沿直線相繼平放 n 次，就獲得長度為 $n \cdot s$ 的間隔。所以長度所指的是使用單位量桿沿直線量度的結果。下面會看出：它就像直線一樣，具有和坐標系無關的意義。

現在考慮這樣一種思路，它在狹義相對論和在廣義相對論裡處在相類似的地位。我們提出問題：排除曾經用過的笛卡兒座標之外，是否還有其他等效的座標？間隔具有和座標選擇無關的物理意義；於是從我們的參照空間裡任一點作出相等的間隔，則所有間隔端點的軌跡為一球面，這個球面也同樣具有和座標選擇無關的物理意義。如果 x_v 和 x'_v（v 從 1 到 3）都是參照空間的笛卡兒座標，則按兩個坐標系表示球面的方程將為

$$\sum \Delta x_v^2 = 恆量 \tag{2}$$

$$\sum \Delta x'^2_v = 恆量 \tag{2a}$$

必須怎樣用 x_v 表示 x'_v，才能使方程 (2) 與 (2a) 彼此等效呢？關於將 x'_v 表作 x_v 的函數，根據泰勒（Taylor）定理，對於微小的 Δx_v 的值，可以寫出

$$\Delta x'_v = \sum_a \frac{\partial x'_v}{\partial x_a} \Delta x_a + \frac{1}{2} \sum_{a\beta} \frac{\partial^2 x'_v}{\partial x_a \partial x_\beta} \Delta x_a \Delta x_\beta \cdots + \cdots$$

如果將 (2a) 代入這個方程並和 (1) 比較，便看出 x'_v 必須是 x_v 的線性函數。因此，如果令

$$x'_v = a_v + \sum_a b_{va} x_a \tag{3}$$

而

$$\Delta x'_v = \sum_a b_{va} \Delta x_a \tag{3a}$$

則方程 (2) 與 (2a) 的等效性可表示成下列形式：

$$\sum_v \Delta x'^2_v = \lambda \sum \Delta x^2_v \ (\lambda \text{ 和 } \Delta x_v \text{ 無關}) \tag{2b}$$

所以由此知道 λ 必定是常數。如果令 $\lambda = 1$，(2b) 與 (3a) 便供給條件。

$$\sum_v b_{va} b_{v\beta} = \delta_{v\beta} \tag{4}$$

其中按照 $a = \beta$ 或 $a \neq \beta$ 有 $\delta_{a\beta} = 1$ 或 $\delta_{a\beta} = 0$。條件 (4) 稱為正交條件，而變換 (3)、(4) 稱為線性正交變換。如果要求 $s^2 \sum \Delta x^2_v$ 在每個坐標系裡都等於長度的平方，並且總用同一單位尺規來量度，則 λ 須等於 1。因此線性正交變換是我們能用來從參照空間裡一個笛卡兒坐標系變到另一個的唯一的變換。我們看到，在應用這樣的變換時，直線方程仍化為直線方程。將方程 (3a) 兩邊乘以 $b_{v\beta}$ 並對於所有的 v 求和，便逆演而得

$$\sum_v b_{v\beta} \Delta x'_v = \sum_{va} b_{va} b_{v\beta} \Delta x_a = \sum_a \delta_{v\beta} \Delta x_z = \Delta x_\beta \tag{5}$$

同樣的係數 b 也決定著 Δx_v 的反代換。在幾何意義上，b_{va} 是 x'_v 軸與 x_a 軸間夾角的餘弦。

總之，可以說在歐幾里得幾何學裡（在既定的參照空間裡）存在優先使用的坐標系，即笛卡兒系，它們彼此用線

性正交變換來作變換。參照空間裡兩點間用量桿測得的距離 s，以這種座標來表示就特別簡單。全部幾何學可以建立在這個距離概念的基礎上。在目前的論述裡，幾何學和實在的東西（剛體）有聯繫，它的定理是關於這些東西的行為的陳述，可以證明這類陳述是正確的還是錯誤的。

人們尋常習慣於離開幾何概念與經驗間的任何關係來研究幾何學。將純粹邏輯性的而且與在原則上不完全的經驗無關的東西分離出來是有好處的。這樣能使純粹的數學家滿意。如果他能從公理正確地——即沒有邏輯錯誤地——推導出他的定理，他就滿足了。至於歐幾里得幾何學究竟是否真確的問題，他是不關心的。但是按照我們的目的，就必須將幾何學的基本概念和自然物件聯繫起來；沒有這樣的聯繫，幾何學對於物理學家是沒有價值的。物理學家關心幾何學定理究竟是否真確的問題。從下述簡單的考慮可以看出：根據這個觀點，歐幾里得幾何學肯定了某些東西，這些東西不僅是從定義按邏輯推導來的結論。

空間裡 n 個點之間有 $\dfrac{n(n-1)}{2}$ 個距離 $s_{\mu v}$；在這些距離和 3_n 個座標之間有關係式

$$s_{\mu v}^2 = [x_{1(\mu)} - x_{1(v)}]^2 + [x_{2(\mu)} - x_{2(v)}]^2 \cdots + \cdots$$

從這 $\dfrac{n(n-1)}{2}$ 個方程裡可以消去 $3n$ 個座標，由這樣的消去法，至少會獲得 $\dfrac{n(n-1)}{2} - 3n$ 個有關 $s_{\mu v}$ 的方程。[4]因為 $s_{\mu v}$

---

[4] 其實有 $\dfrac{n(n-1)}{2} - 3n + 6$ 個方程。

是可測度的量，而根據定義，它們是彼此無關的，所以 $s_{\mu\nu}$ 之間的這些關係並非本來是必要的。

從前面顯然知道，變換方程 (3)、(4) 在歐幾里得幾何學裡具有根本的意義，在於這些方程決定著由一個笛卡兒坐標系到另一個的變換。在笛卡兒坐標系裡，兩點間可測度的距離 s 是用方程

$$s^2 = \sum \Delta x_\nu^2$$

表示的，這個性質表示著笛卡兒坐標系的特性。

如果 $K_{(x_\nu)}$ 與 $K'_{(x_\nu)}$ 是兩個笛卡兒坐標系，則

$$\sum \Delta x_\nu^2 = \sum \Delta x_\nu'^2$$

右邊由於線性正交變換的方程而恆等於左邊，右邊和左邊的區別只在於 x_ν 換成了 x_ν'。這可以用這樣的陳述來表示：$\sum \Delta x_\nu^2$ 對於線性正交變換是不變量。在歐幾里得幾何學裡，顯然只有能用對於線性正交變換的不變量表示的量才具有客觀意義，而和笛卡兒座標的特殊選擇無關，並且所有這樣的量都是如此。這就是有關處理不變量形式的定律的不變量理論對於解析幾何學十分重要的理由。

考慮體積，作為幾何不變量的第二個例子。這是用

$$v = \iiint dx_1 dx_2 dx_3$$

表示的。根據雅可比定理，可以寫出

$$\iiint dx_1' dx_2' dx_3' = \iiint \frac{\partial(x_1', x_2', x_3')}{\partial(x_1, x_2, x_3)} dx_1 dx_2 dx_3$$

其中最後積分裡的被積函數是 x'_v 對 x_v 的函數行列式，而由 (3)，這就等於代換係數 b_{va} 的行列式 $|b_{\mu v}|$。如果由方程 (4) 組成 $\delta_{\mu a}$ 的行列式，則根據行列式的乘法定理，有

$$1 = |\delta_{a\beta}| = \left|\sum_v b_{va} b_{v\beta}\right| = |b_{\mu v}|^2 \; ; \; |b_{\mu v}| = \pm 1 \tag{6}$$

如果只限於具有行列式 +1 的變換⑤（只有這類變換是由坐標系的連續變化而來的），則 V 是不變量。

　　然而不變量並非是表示和笛卡兒系的特殊選擇無關的唯一形式。向量與張量是其他的表示形式。讓我們表示這樣的事實：具有流動座標 x_v 的點位於一條直線上。於是有

$$x_v - A_v = \lambda B_v \,(v \text{ 由 } 1 \text{ 到 } 3)$$

可以令

$$\sum B_v^2 = 1$$

而並不限制普遍性。

　　如果將方程乘以 $b_{\beta v}$〔比較 (3a) 與 (5)〕並對於所有的 v 求和，便得到

$$x'_\beta - A'_\beta = \lambda B'_\beta$$

---

⑤ 這樣說來，有兩種笛卡兒系，稱爲「右手」與「左手」系。每個物理學家和工程師都熟悉兩者之間的區別。不能按照幾何學來規定這兩種坐標系，而只能作兩者之間的對比，注意到這一點是有意味的。

其中

$$B'_\beta = \sum_\nu b_{\beta\nu} B_\nu \ ; \ A'_\beta = \sum_\nu b_{\beta\nu} A_\nu$$

這些是參照第二個笛卡兒坐標系 K' 的直線方程。它們和參照原來坐標系的方程有相同的形式。因此顯然直線具有和坐標系無關的意義。就形式而論,這有賴於一個事實,即 $(x_\nu - A_\nu) - \lambda B_\nu$ 這些量變換得和間隔的分量 Δx_ν 一樣。設對於每個笛卡兒坐標系所確定的三個量象間隔的分量一樣變換,這三個量的總合便稱為向量。如果向量對於某一笛卡兒坐標系的三個分量都等於零,則對於所有的坐標系的分量都會等於零,因為變換方程是齊次性的。於是可以不需倚靠幾何標記法而獲得向量概念的意義。直線方程的這種性質可以這樣表示:直線方程對於線性正交變換是協變的。

現在要簡略地指出有些幾何物件導致張量的概念。設 P_0 為二次曲面的中心,P 為曲面上的任意點,而 ξ_ν 為間隔 $P_0 P$ 在坐標軸上的投影。於是曲面方程是

$$\sum a_{\mu\nu} \xi_\mu \xi_\nu = 1$$

在這裡以及類似的情況下,我們要略去累加號,並且了解求和是按出現兩次的指標進行的。這樣就將曲面方程寫成

$$a_{\mu\nu} \xi_\mu \xi_\nu = 1$$

對於既定的中心位置和選定的笛卡兒坐標系,$a_{\mu\nu}$ 這些量完全決定曲面。由 ξ_μ 對於線性正交變換的已知變換律 (3a),

容易求得 $a_{\mu\nu}$ 的變換律[6]：

$$a'_{\sigma\tau} = b_{\sigma\mu}b_{\tau\nu}a_{\mu\nu}$$

這個變換對於 $a_{\mu\nu}$ 是齊次的，而且是一次的。由於這樣的變換，這些 $a_{\mu\nu}$ 便稱為二階張量的分量（因為有兩個指標，所以說是二階的）。如果張量對於任何一個笛卡兒坐標系的所有分量 $a_{\mu\nu}$ 等於零，則對於其他任何笛卡兒系的所有分量也都等於零。二次曲面的形狀和位置是以（a）這個張量描述的。

可以定出高階（指標個數較多的）張量的解析定義。將向量當做一階張量，並將不變量（純量）當做零階張量，這是可能和有益的。在這一點上，可以這樣提出不變量理論的問題：按照什麼規律可從給定的張量組成新張量？為了以後能夠應用，現在考慮這些規律。首先只就同一參照空間裡用線性正交變換從一個笛卡兒系變換到另一個的情況來討論張量的性質。由於這些規律完全和維數無關，我們先不確定維數 n。

　　定義　　設物件對於 n 維參照空間裡的每個笛卡兒坐標系是用 n^{α} 個數 $A_{\mu\nu\rho\ldots}$（α = 指標的個數）規定的，如果變換律是

$$A'_{\mu'\nu'\rho'\ldots} = b_{\mu'\mu}b_{\nu'\nu}b_{\rho'\rho}\cdots A_{\mu\nu\rho\ldots} \tag{7}$$

---

[6] 根據 (5)，方程 $a'_{\sigma\tau}\xi'_{\sigma}\xi'_{\tau} = 1$ 可以換成 $a'_{\sigma\tau}b_{\mu\sigma}b_{\nu\tau}\xi_{\sigma}\xi_{\tau} = 1$，於是立即有上述結果。

則這些數就是 α 階的張量的分量。

附識 只要（B）、（C）、（D）、…，是向量，則由這個定義可知

$$A_{\mu\nu\rho}...B_\mu C_\nu D_\rho\cdots \tag{8}$$

是不變量。反之，如果知道對於在意選擇的（B）、（C）等向量，(8) 式總能導致不變量，則可推斷（A）的張量特性。

加法與減法 將同階的張量的相應分量相加和相減，使得等階的張量：

$$A_{\mu\nu\rho}... \pm B_{\mu\nu\rho}... = C_{\mu\nu\rho}... \tag{9}$$

由上述張量的定義可得到證明。

乘法 將第一個張量的所有分量乘以第二個張量的所有分量，就能從階數為 α 的張量和階數為 β 的張量得到階數為 $\alpha + \beta$ 的張量：

$$T_{\mu\nu\rho}...\alpha\beta\gamma... = A_{\mu\nu\rho}...B_{\alpha\beta\gamma}... \tag{10}$$

降階 令兩個確定的指標彼此相等，然後按這個單獨的指標求和，可從階數為 α 的張量得到階數為 $\alpha - 2$ 的張量：

$$T_\rho... = A_{\mu\mu\rho}...\left(= \sum_\mu A_{\mu\mu\rho}...\right) \tag{11}$$

證明是

$$A'_{\mu\mu\rho}... = b_{\mu\alpha}b_{\mu\beta}b_{\rho\gamma}\cdots A_{\alpha\beta\gamma}... = \delta_{\alpha\beta}b_{\rho\gamma}\cdots A_{\alpha\beta\gamma}... = b_{\rho\gamma}\cdots A_{\alpha\alpha\gamma}...$$

除了這些初等的運算規則，還有用微分法的張量形成法
〔「Erweiterung」（擴充）〕：

$$T_{\mu\nu\rho\cdots a}=\frac{\partial A_{\mu\nu\rho\cdots}}{\partial x_a} \tag{12}$$

對於線性正交變換，可以按照這些運算規則由張量構成
新的張量。

張量的對稱性質　如果從互換張量的指標 μ 與 ν 所得
到的兩個分量彼此相等或相等而反號，則這樣的張量便稱為
對於這兩個指標的對稱或反稱張量。

對稱條件：$A_{\mu\nu\rho} = A_{\nu\mu\rho}$

反稱條件：$A_{\mu\nu\rho} = -A_{\nu\mu\rho}$

定理　對稱或反稱特性的存在和座標的選擇無關，其
重要性就在於此。由張量的定義方程可得到證明。

特殊張量

I. 量 $\delta_{\rho\sigma}$(4) 是張量的分量（基本張量）。

證明　如果在變換方程 $A'_{\mu\nu} = b_{\mu\alpha}b_{\nu\beta}A_{\alpha\beta}$ 的右邊用量 $\delta_{\alpha\beta}$
（它按 $\alpha = \beta$ 或 $\alpha \neq \beta$ 而等於 1 或 0）代替 $A_{\alpha\beta}$，便得

$$A'_{\mu\nu}=b_{\mu\alpha}b_{\nu\alpha}=\delta_{\mu\nu}$$

如果將 (4) 用於反代換 (5)，就顯然會有最後等號的證明。

II. 有一個對於所有各對指標都是反稱的張量（$\delta_{\mu\nu\rho\cdots}$），
其階數等於維數 n，而其分量按照 $\mu\nu\rho\cdots$ 是 123$\cdots$ 的偶排列
或奇排列而等於 +1 或 −1。

證明可借助於前面證明過的定理 $|b_{\rho\sigma}| = 1$。

這些少數的簡單定理構成了從不變量理論建立相對論前物理學和狹義相對論的方程的工具。

我們看到：在相對論前的物理學裡，為了確定空間關係，需要參照物體或參照空間；此外，還需要笛卡兒坐標系。設想笛卡兒坐標系是單位長的桿子所構成的立方構架，就能將這兩個概念融為一體。這個構架的格子交點的座標是整數。由基本關係

$$s^2 = \Delta x_1^2 + \Delta x_2^2 + \Delta x_3^2 \tag{13}$$

可知這種空間格子的構桿都是單位長度。為了確定時間關係，還需要一只標準時計，假定放在笛卡兒坐標系或參照構架的原點上。如果在任何地點發生一個事件，我們立即就能給它指定三個座標 x_ν 和一個時間 t，只要確定了在原點上的時計和該事件同時的時刻。因此我們對於隔開事件的同時性就（假設地）給出了客觀意義，而先前只涉及個人對於兩個經驗的同時性。這樣確定的時間在一切情況下和坐標系在參照空間中的位置無關，所以它是對於變換 (3) 的不變量。

我們假設表示相對論前物理學定律的方程組，和歐幾里得幾何學的關係式一樣，對於變換 (3) 是協變的。空間的各向同性與均勻性就是這樣表示的。[7]現在按這個觀點來考慮幾

⑦ 即使在空間有優越方向的情況下，也能將物理學的定律表示成對於變換 (3) 是協變的；但是這樣的式子在這種情況下就不適宜了。如果在空間有優越的方向，則以一定方式按這個方向取坐標系的方向，會簡化對自然現象的描述。然而另一方面，如果在空間沒有唯

個較重要的物理方程。

　　質點的運動方程是

$$m\frac{d^2x_\nu}{dt^2} = X_\nu \tag{14}$$

（dx_ν）是向量；dt 是不變量，所以 $\frac{1}{dt}$ 也是不變量；因此 $\left(\frac{dx_\nu}{dt}\right)$ 是向量；同樣可以證明 $\left(\frac{d^2x_\nu}{dt^2}\right)$ 是向量。一般地說，對時間取導數的運算不改變張量的特性。因為 m 是不變量（零階張量），所以 $\left(m\frac{d^2x_\nu}{dt^2}\right)$ 是向量，或一階張量（根據改量的乘法定理）。如果力（X_ν）具有向量特性，則差 $\left(m\frac{d^2x_\nu}{dt^2} - X_\nu\right)$ 也是向量。因此這些運動方程在參照空間的每個其他笛卡兒坐標系裡也有效。在保守力的情況下，能夠容易認識（X_ν）的向量性質。因為存在勢能 $\boldsymbol{\Phi}$ 只依賴於質點的相互距離，所以它是不變量。於是力 $X_\nu = -\frac{\partial\boldsymbol{\Phi}}{\partial x_\nu}$ 的向量特性便從關於零階張量的導數的普遍定理得到證明。

　　乘以速度，它是一階張量，得到張量方程

$$\left(m\frac{d^2x_\nu}{dt^2} - X_\nu\right)\frac{dx_\nu}{dt} = 0$$

降階並乘以純量 dt，我們獲得動能方程

————————————

一的方向，則確定自然界定律的表示式而在方式上隱藏了取向不同的坐標系的等效性，是不合邏輯的。在狹義和廣義相對論裡，我們還要遇到這樣的觀點。

$$d\left(\frac{mq^2}{2}\right) = X_\nu \, dx_\nu$$

如果 ξ_ν 表示質點和空間固定點的座標之差，則 ξ_ν 具有向量特性。顯然有 $\dfrac{d^2 x_\nu}{dt^2} = \dfrac{d^2 \xi_\nu}{dt^2}$，所以質點的運動方程可以寫成

$$m\frac{d^2 \xi_\nu}{dt^2} - X_\nu = 0$$

將這個方程乘以 ξ_ν，得到張量方程

$$\left(m\frac{d^2 \xi_\nu}{dt^2} - X_\nu\right)\xi_\nu = 0$$

將左邊的張量降階並取對於時間的平均值，就得到維裡定理，這裡便不往下討論了。互換指標，然後相減，作簡單的變換，便有矩定理：

$$\frac{d}{dt}\left[m\left(\xi_\mu \frac{d\xi_\nu}{dt} - \xi_\nu \frac{d\xi_\mu}{dt}\right)\right] = \xi_\mu X_\nu - \xi_\nu X_\mu \tag{15}$$

這樣看來，顯然向量的矩不是向量而是張量。由於其反稱的特性，這個方程組並沒有九個獨立的方程，而只有三個。在三維空間裡以向量代替二階反稱張量的可能性依賴於向量

$$A_\mu = \frac{1}{2} A_{\sigma\tau} \delta_{\sigma\tau\mu}$$

的構成。

如果將二階反稱張量乘以前面引入的特殊反稱張量 δ，降階兩次，便獲得向量，其分量在數值上等於張量的分量。

這類向量就是所謂軸向量，由右手系變換到左手系時，他們和 Δx_v 變換得不同。在三維空間裡將二階反稱張量當做向量具有形象化的好處；可是按表示相應的量的確切性質而論，便不及將它當做張量了。

其次，考慮連續媒質的運動方程。設 ρ 是密度，u_v 是速度分量，作為座標與時間的函數，X_v 是每單位質量的徹體力，而 $P_{v\sigma}$ 是垂直於 σ 軸的平面上沿 x_v 增加方向的應力。於是根據牛頓定律，運動方程是

$$\rho \frac{du_v}{dt} = -\frac{\partial p_{v\sigma}}{\partial x_\sigma} + \rho X_v$$

其中 $\frac{du_v}{dt}$ 是在時刻 t 具有座標 x_v 的質點的加速度。如果用偏導數表示這個加速度，除以 ρ 之後，得到

$$\frac{\partial u_v}{\partial t} + \frac{\partial u_v}{\partial x_\sigma} u\sigma = -\frac{1}{\rho}\frac{\partial p_{v\sigma}}{\partial x_\sigma} + X_v \tag{16}$$

必須證明這個方程的有效性和笛卡兒坐標系的特殊選擇無關。(u_v) 是向量，所以 $\frac{\partial u_v}{\partial t}$ 也是向量。$\frac{\partial u_v}{\partial x_\sigma}$ 是二階張量，$\frac{\partial u_v}{\partial x_\sigma} u\tau$ 是三階張量。左邊第二項是按指標 σ，τ 降階的結果。右邊第二項的向量特性是顯然的。為了要求右邊第一項也是向量，$p_{v\sigma}$ 必須是張量。於是由微分與降階得到 $\frac{\partial p_{v\sigma}}{\partial x_\sigma}$，所以它是向量，乘以純量的倒數 $\frac{1}{\rho}$ 後仍然是向量。至於 $p_{v\sigma}$ 是張量，因而按照方程

$$p'_{\mu v} = b_{\mu a}b_{v\beta}p_{\alpha\beta}$$

變換，這在力學裡將這個方程就無窮小的四面體取積分就可得到證明。在力學裡，將矩定理應用於無窮小的平行六面體，還證明了 $p_{v\sigma} = p_{\sigma v}$。因此也就是證明了應力張量是對稱張量。從以上所說就可知道：借助於前面給出的規則，方程對於空間的正交變換（旋轉變換）是協變的；並且為了使方程具有協變性，方程裡各個量在變換時所必須遵照的規則也明顯了。根據前面所述，連續性方程

$$\frac{\partial \rho}{\partial t} + \frac{\partial(\rho u_v)}{\partial x_v} = 0 \tag{17}$$

的協變性便無須特別討論。

還要對於表示應力分量如何依賴於物質性質的方程檢查協變性，並借助於協變條件，對於可壓縮的黏滯流體建立這種方程。如果忽略黏滯流體，則壓強 p 將是純量，並將只和流體的密度與溫度有關。於是對於應力張量的貢獻顯然是

$$p\delta_{\mu v}$$

其中 $\delta_{\mu v}$ 是特殊的對稱張量。在黏滯流體的情況下，這一項還是有的。不過在這個情況下，還會有一些依賴於 u_v 的空間導數的壓強項。假定這種依賴關係是線性的。因為這幾項必須是對稱張量，所以會出現的只是

$$\alpha\left(\frac{\partial u_\mu}{\partial x_v} + \frac{\partial u_v}{\partial x_\mu}\right) + \beta\delta_{\mu v}\frac{\partial u_a}{\partial x_a}$$

（因爲 $\dfrac{\partial u_a}{\partial x_a}$ 是純量）。由於物理上的理由（沒有滑動），

對於在所有方向的對稱膨脹，即當

$$\frac{\partial u_1}{\partial x_1} = \frac{\partial u_2}{\partial x_2} = \frac{\partial u_3}{\partial x_3} \; ; \; \frac{\partial u_1}{\partial x_2} \text{，等等} = 0$$

假設沒有摩擦力，因此有 $\beta = -\dfrac{2}{3}\alpha$。如果只有 $\dfrac{\partial u_1}{\partial x_3}$ 不等於

零，令 $p_{31} = -\eta \dfrac{\partial u_1}{\partial x_3}$，這樣就確定了 α。於是獲得全部應力

張量

$$p_{\mu\nu} = p\delta_{\mu\nu} - \eta\left[\left(\frac{\partial u_\mu}{\partial x_\nu} + \frac{\partial u_\nu}{\partial x_\mu}\right) - \frac{2}{3}\left(\frac{\partial u_1}{\partial x_1} + \frac{\partial u_2}{\partial x_2} + \frac{\partial u_3}{\partial x_3}\right)\delta\mu\nu\right] \quad (18)$$

從這個例子顯然看出由空間各向同性（所有方向的等效

性）產生的不變量理論在認識上的啓發價值。

最後討論作爲洛倫茲電子論基礎的麥克斯韋方程的形

式：

$$\left.\begin{aligned}
\frac{\partial h_3}{\partial x_2} - \frac{\partial h_2}{\partial x_3} &= \frac{1}{c}\frac{\partial e_1}{\partial t} + \frac{1}{c}i_1 \\[2mm]
\frac{\partial h_1}{\partial x_3} - \frac{\partial h_3}{\partial x_1} &= \frac{1}{c}\frac{\partial e_2}{\partial t} + \frac{1}{c}i_2 \\[2mm]
&\cdots\cdots\cdots\cdots\cdots\cdots\cdots\cdots \\[2mm]
\frac{\partial e_1}{\partial x_1} + \frac{\partial e_2}{\partial x_2} + \frac{\partial e_3}{\partial x_3} &= \rho
\end{aligned}\right\} \quad (19)$$

$$\left.\begin{array}{l} \dfrac{\partial e_3}{\partial x_2} - \dfrac{\partial e_2}{\partial x_3} = -\dfrac{1}{c}\dfrac{\partial h_1}{\partial t} \\[2mm] \dfrac{\partial e_1}{\partial x_3} - \dfrac{\partial e_3}{\partial x_1} = -\dfrac{1}{c}\dfrac{\partial h_2}{\partial t} \\[2mm] \cdots\cdots\cdots\cdots\cdots\cdots \\[2mm] \dfrac{\partial h_1}{\partial x_1} + \dfrac{\partial h_2}{\partial x_2} + \dfrac{\partial h_3}{\partial x_3} = 0 \end{array}\right\} \tag{20}$$

i 是向量,因為電流密度的定義是電荷密度乘上電荷的向量速度。按照前三個方程,e 顯然也是當做向量的。於是 h 就不能當做向量了。[8]可是如果將 h 當做二階反稱張量,這些方程就容易解釋。於是分別寫 h_{23},h_{31},h_{12} 以代替 h_1,h_2,h_3。注意到 $h_{\mu\nu}$ 的反稱性,(19) 與 (20) 的前三個方程就可寫成如下的形式:

$$\frac{\partial h_{\mu\nu}}{\partial x_\nu} = \frac{1}{c}\frac{\partial e_\mu}{\partial t} + \frac{1}{c}i_\mu \tag{19a}$$

$$\frac{\partial e_\mu}{\partial x_\nu} - \frac{\partial e_\nu}{\partial x_\mu} = \frac{1}{c}\frac{\partial e_\mu}{\partial t} + \frac{1}{c}\frac{\partial h_{\mu\nu}}{\partial t} \tag{20a}$$

和 e 對比,h 看來是和角速度具有同樣對稱類型的量。於是散度方程取下列形式:

$$\frac{\partial e_\nu}{\partial x_\nu} = \rho \tag{19b}$$

$$\frac{\partial h_{\mu\nu}}{\partial x_\rho} + \frac{\partial h_{\mu\rho}}{\partial x_\mu} + \frac{\partial h_{\rho\mu}}{\partial x_\nu} = 0 \tag{20b}$$

---

[8] 這些討論可使讀者熟悉張量運算而免除了處理四維問題的特殊困難;這樣遇到狹義相對論裡的相應討論(閔可斯基關於場的解釋)就會感到較少的困難。

後一個方程是三階反稱張量的方程（如果注意到 $h_{\mu\nu}$ 的反稱性，就容易證明左邊對於每對指標的反稱性）。這種寫法比較通常的寫法要更自然些，因為和後者對比，它適用於笛卡兒左手系，就像適用於右手系一樣，不用變號。

已知的愛因斯坦最早的相片

第二章

狹義相對論

相對論常遭指責，說它未加論證就把光的傳播放在中心理論的地位，以光的傳播定律作爲時間概念的基礎。然而情形大致如下：爲了賦予時間概念以物理意義，需要某種能建立不同地點之間的關係的過程。爲這樣的時間定義究竟選擇哪一種過程是無關重要的。可是爲了理論只選用那種已有某些肯定了解的過程是有好處的。由於麥克斯韋與洛倫茲的研究之賜，和任何其他考慮的過程相比，我們對於光在眞空中的傳播是了解得更清楚的。

根據所有這些討論，空間與時間的資料所具有的不是僅僅想像上的意義，而是物理上眞實的意義；特別是對於所有含有座標與時間的關係式。

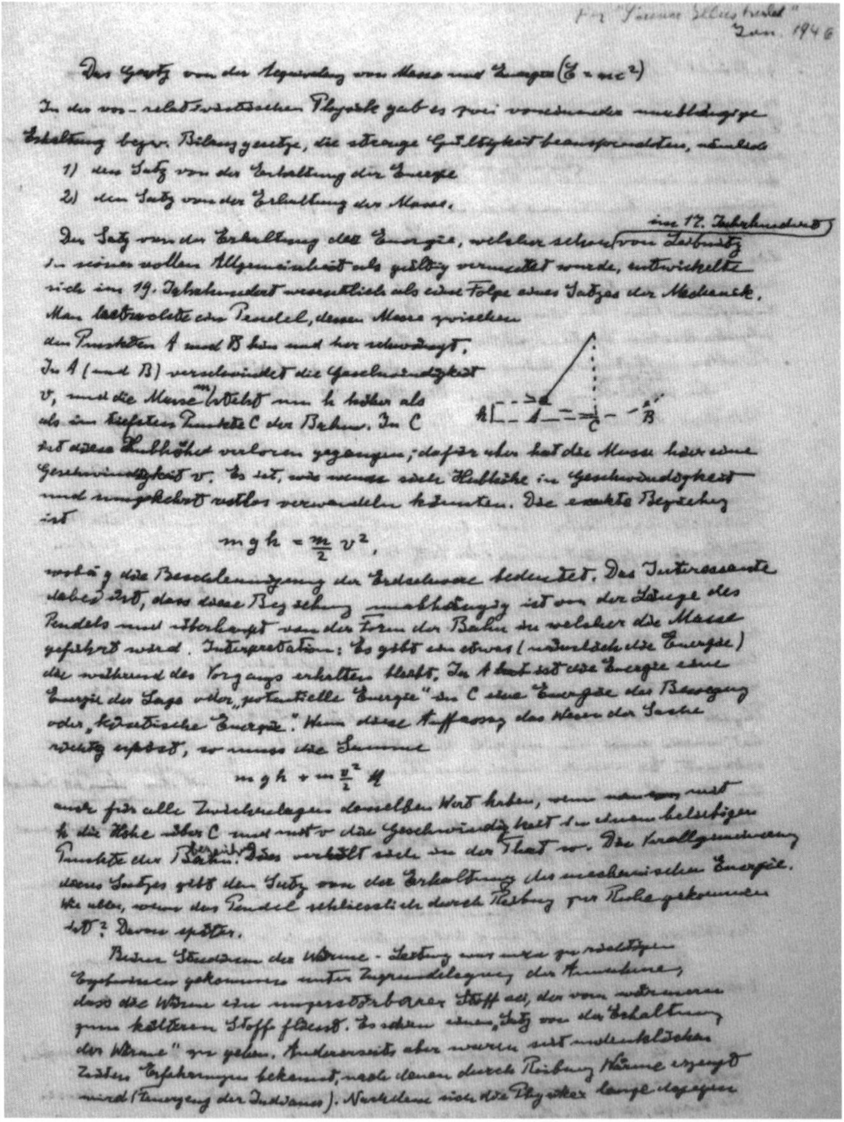

For "Science Illustrated"
Jan. 1946

Das Gesetz von der Äquivalenz von Masse und Energie ($E = mc^2$)

In der vor-relativistischen Physik gab es zwei voneinander unabhängige Erhaltung bezw. Bilanzgesetze, die strenge Gültigkeit beanspruchten, nämlich

1) den Satz von der Erhaltung der Energie
2) den Satz von der Erhaltung der Masse.

Der Satz von der Erhaltung der Energie, welcher schon von Leibnitz im 17. Jahrhundert in seiner vollen Allgemeinheit als gültig vermutet wurde, entwickelte sich im 19. Jahrhundert wesentlich als eine Folge eines Satzes der Mechanik. Man betrachtete ein Pendel, dessen Masse zwischen den Punkten A und B hin und her schwingt. In A (und B) verschwindet die Geschwindigkeit v, und die Masse m steht um h höher als im tiefsten Punkte C der Bahn. In C ist diese Hubhöhe verloren gegangen; dafür aber hat die Masse hier eine Geschwindigkeit v. Es ist, wie wenn sich Hubhöhe in Geschwindigkeit und umgekehrt restlos verwandeln könnten. Die exakte Beziehung ist

$$mgh = \frac{m}{2} v^2,$$

wobei g die Beschleunigung der Erdschwere bedeutet. Das Interessante dabei ist, dass diese Beziehung unabhängig ist von der Länge des Pendels und überhaupt von der Form der Bahn, in welcher die Masse geführt wird. Interpretation: Es gibt ein etwas (nämlich die Energie) die während des Vorgangs erhalten bleibt. In A ist die Energie eine Energie der Lage oder „potentielle Energie", in C eine Energie der Bewegung oder „kinetische Energie". Wenn diese Auffassung das Wesen der Sache richtig erfasst, so muss die Summe

$$mgh + m\frac{v^2}{2}$$

auch für alle Zwischenlagen denselben Wert haben, wenn man mit h die Höhe über C und mit v die Geschwindigkeit in einem beliebigen Punkte der Bahn bezeichnet. Dies verhält sich in der That so. Die Verallgemeinerung dieses Satzes gibt den Satz von der Erhaltung der mechanischen Energie. Wie aber, wenn das Pendel schliesslich durch Reibung zur Ruhe gekommen ist? Davon später.

Beim Studium der Wärme-Leitung war man zu richtigen Ergebnissen gekommen unter Zugrundelegung der Annahme, dass die Wärme ein unzerstörbarer Stoff sei, der vom wärmeren zum kälteren Stoff fliesst. Es schien einen „Satz von der Erhaltung der Wärme" zu geben. Andererseits aber waren seit undenklichen Zeiten Erfahrungen bekannt, nach denen durch Reibung Wärme erzeugt wird (Feuerzeug der Indianer). Nachdem sich die Physiker lange dagegen

1946 年《科學畫報》發表愛因斯坦題爲「$E = mc^2$——我們這個時代最緊迫的問題」的文章。

前面關於剛體位形的討論，所根據的基礎是不管歐幾里得幾何的有效性的假定，而假設空間中的一切方向，或笛卡兒坐標系的所有位形，在物理上是等效的。這可以說是「關於方向的相對性原理」；並曾經指出：按照這個原理，借助於張量如何可以來尋求方程（自然界定律）。現在要問：參照空間的運動狀態是否有相對性？換句話說，相對運動著的參照空間在物理上是否是等效的？根據力學的觀點，等效的參照空間看來確是存在的。因為我們正以每秒 30 千米左右的速度繞日運動，而在地球上的實驗絲毫沒有說明這個事實。另一方面，這種物理上的等效性，看來並不是對任意運動的參照空間都成立；因為在顛簸運行的火車裡和在作等速運動的火車裡，力學效應看來並不遵從同樣的定律；在寫下相對於地球的運動方程時，必須考慮地球的轉動。所以好像存在著一些笛卡兒坐標系，所謂慣性系，參照這類坐標系便可將力學定律（更普遍地說是物理定律）表示成最簡單的形式。我們可以推測下列命題的有效性：如果 K 是慣性系，則相對於 K 作等速運動而無轉動的其他坐標系 K' 也是慣性系；自然界定律對於所有慣性系都是一致的。我們將這個陳述稱為「狹義相對性原理」。就像對於方向的相對性所曾經做的那樣，我們要由這個「平動的相對性」的原理推出一些結論。

為了能夠這樣做，必須首先解決下列問題。如果給定一個事件相對於慣性系 K 的笛卡兒坐標 x_v 與時刻 t，而慣性系 K' 相對於 K 作等速平動，如何計算同一事件相對於 K' 的坐標 x'_v 與時刻 t'？在相對論前的物理學裡，解決這個問題時不

自覺地做了兩個假設：

(一) 時間是絕對的

　　一個事件相對於 K' 的時刻 t' 和相對於 K 的時刻相同。如果暫態的訊號能送往遠處，並且如果知道時計的運動狀態對它的快慢沒有影響，則這個假定在物理上是適用的。因為這樣就可以在 K 與 K' 兩系遍布彼此同樣並且校準得一樣的時計，相對於 K 或 K' 保持靜止，而它們指示的時間會和系的運動狀態無關；於是一個事件的時刻就能由其鄰近的時計指出。

(二) 長度是相對的

　　如果相對於 K 為靜止的間隔具有長度 s，而 K' 相對於 K 是運動的，則它相對於 K' 也有同樣的長度 s。

　　如果 K 與 K' 的軸彼此平行，則基於這兩個假設的簡單計算給出變換方程

$$\left.\begin{aligned} x'_v &= x_v - a_v - b_v t \\ t' &= t - b \end{aligned}\right\} \tag{21}$$

這個變換稱為「伽利略變換」。對時間取導數兩次，得

$$\frac{d^2 x'_v}{dt^2} = \frac{d^2 x_v}{dt^2}$$

此外，對於兩個同時的事件，還有

$$x'^{(1)}_v - x'^{(2)}_v = x^{(1)}_v - x^{(2)}_v$$

平方並相加，結果就得到兩點間距離的不變性。由此容易獲得牛頓運動方程對於伽利略變換 (21) 的協變性。因此如果

作了關於尺度與時計的兩個假設，則經典力學是符合狹義相對性原理的。

　　然而應用於電磁現象時，這種將平動的相對性建立在伽利略變換上的企圖就失敗了。麥克斯韋、洛倫茲電磁方程對於伽利略變換並不是協變的。特別是，我們注意到：根據(21)，對於 K 有速度 c 的一道光線對於 K' 就有不同的速度，有賴於它的方向。因此就其物理性質而論，K 的參照空間和相對於它（靜止的乙太）作運動的所有參照空間便有區別。但是所有的實驗都證實：相對於作為參照物體的地球，電磁與光的現象並不受地球平動速度的影響。這類實驗當中最重要的是假定大家都知道的邁克生與莫雷的實驗。因此狹義相對性原理也適用於電磁現象就難於懷疑了。

　　另一方面，麥克斯韋、洛倫茲方程對於處理運動物體裡光學問題的適用性已獲得證實。沒有別的理論曾經滿意地解釋光行差的事實、光在運動物體中的傳播（斐索）和雙星中觀察到的現象（德・錫托）。麥克斯韋、洛倫茲方程的一個推論是：至少對於一個確定的慣性系 K，光以速度 c 在真空中傳播；於是必須認為這個推論是證實了的。按照狹義相對性原理，還須假定這個原理對於每個其他慣性系的真實性。

　　從這兩個原理作出任何結論之前，必須首先重新考察「時間」與「速度」概念的物理意義。由前面知道：對於慣性系的座標是借助於用剛體作測度和結構來下物理上的定義的。為了測定時間，曾經假定在某處有時計 U，相對於 K 保持靜止。然而如果事件到時計的距離不應忽略，就不能用

這只時計來確定事件的時刻；因為不存在能用來比較事件時刻和時計時刻的「即時訊號」。為了完成時間的定義，可以使用真空中光速恆定的原理。假定在 K 系各處放置同樣的時計，相對於 K 保持靜止，並按下列安排校準。當某一時計 U_m 指著時刻 t_m 時，從這只時計發出光線，在真空中通過距離 r_{mn} 到時計 U_n；當光線遇著時計 U_n 的時刻，使時計 U_n 對準到時刻 $t_n = t_m + \dfrac{r_{mn}}{c}$ ①。光速恆定原理於是斷定這樣校準時計不會引起矛盾。用這樣校準好的時計就能指出發生在任何時計近旁的事件的時刻。重要的是注意到這個時間的定義只關係到慣性系 K，因為我們曾經使用一組相對於 K 為靜止的時計。從這個定義絲毫得不出相對論前物理學所作的關於時間的絕對特性（即時間和慣性系的選擇無關的性質）的假設。

相對論常遭指責，說它未加論證就把光的傳播放在中心理論的地位，以光的傳播定律作為時間概念的基礎。然而情形大致如下：為了賦予時間概念以物理意義，需要某種能建立不同地點之間的關係的過程。為這樣的時間定義究竟選擇哪一種過程是無關重要的。可是為了理論只選用那種已有某些肯定了解的過程是有好處的。由於麥克斯韋與洛倫茲的研

---

① 嚴格地說，先作出大致如下的定義就更正確些：如果從區間 AB 的中點 M 觀察，發生在 K 系的 A 與 B 兩點的事件看起來是在同一時刻的，則這兩個是同時的事件。於是定義時間為同樣時計的指示的總合，這些時計相對於 K 保持靜止，並同時記錄相同的時間。

究之賜，和任何其他考慮的過程相比，我們對於光在眞空中的傳播是了解得更清楚的。

根據所有這些討論，空間與時間的資料所具有的不是僅僅想像上的意義，而是物理上眞實的意義；特別是對於所有含有座標與時間的關係式，如就關係式 (21) 而論，這句話是適用的。因此詢問那些方程是否眞確，以及詢問用來從一個慣性系 K 到另一對它作相對運動的慣性系 K' 的眞實變換方程爲何，是有意義的。可以證明：這將借光速恆定原理與狹義相對性原理而唯一確定。

爲達此目的，我們設想，按照已經指出的途徑，對於 K 與 K' 兩個慣性系，空間與時間已從物理上得到定義。此外，設一道光線從 K 中一點 P_1 穿過眞空通往另一點 P_2。如果 r 是兩點間測得的距離，則光的傳播必須滿足方程

$$r = c\Delta t$$

如果取方程兩邊的平方，用座標差 Δx_v 表示 r^2，則可寫出

$$\sum (\Delta x_v)^2 - c^2\Delta t^2 = 0 \tag{22}$$

以代替原來的方程。這個方程將光速恆定原理表示成相對於 K 的公式。不論發射光線的光源怎樣運動，這個公式必須成立。

相對於 K' 也可考慮光的相同的傳播問題，光速恆定原理在這個情況下也必須滿足。因此對於 K'，有方程

$$\sum (\Delta x_v')^2 - c^2\Delta t'^2 = 0 \tag{22a}$$

對於從 K 到 K' 的變換，方程 (22a) 與 (22) 必須彼此互相一致。體現這一點的變換將稱為「洛倫茲變換」。

在詳細考慮這些變換之前，我們還要對於空間與時間略作一般的討論。在相對論前的物理學裡，空間與時間是不相關聯的事物。時間的確定和參照空間的選擇無關。牛頓力學對於參照空間是具有相對性的，所以例如像兩個不同時的事件發生在同一地點的陳述便沒有客觀意義（就是和參照空間無關）。但是這種相對性在建立理論時沒有用處。說到空間的點，就像說到時間的時刻一樣，就好像它們是絕對的實在。那時不曾看到確定時空的真正元素是用 x_1，x_2，x_3，t 四個數所確定的事件。某事發生的概念總是四維連續區域的概念；然而對這一點的認識卻被相對論前時間的絕對特性蒙蔽住了。放棄了時間的，特別是同時性的絕對性假設，時空概念的四維性就立即被認識到了。既不是某事發生的空間地點，也不是它發生時間的時刻，而只有事件本身具有物理上的真實性。後面將會看到：兩個事件間沒有空間的絕對（和參照空間無關的）關係，也沒有時間的絕對關係，但是有空間與時間的絕對（和參照空間無關的）關係。並不存在將四維連續區域分成三維空間與一維時間連續區域的在客觀上合理的區分，這個情況說明如果將自然界定律表示成四維時空連續區域裡的定律，則所採取的形式是邏輯上最滿意的。相對論在方法上巨大的進展有賴於此，這種進展應歸功於閔考斯基。從這個觀點來考慮，必須將 x_1，x_2，x_3，t 當做事件在四維連續區域裡的四個座標。我們自己對於這種四維連續區域裡種種關係的想像，在成就上遠遜於對三維歐幾里得連續

區域裡諸關係的想像；然而必須著重指出：即使在歐幾里得三維幾何學裡，其概念與關係也只是在我們心目中具有抽象性質的，和我們目睹以及透過觸覺所獲得的印象全然不是等同的。但是事件的四維連續區域的不可分割性絲毫沒有空間座標和時間座標等效的含義。相反地，必須記著從物理上定義時間座標是和定義空間座標完全不同的。使 (22) 與 (22a) 兩關係式相等便定義了洛倫茲變換。這兩個關係式又指出時間座標和空間座標地位的不同；因為 Δt^2 一項和 Δx_1^2，Δx_2^2，Δx_3^2 等空間項的符號相反。

在繼續分析為洛倫茲變換下定義的條件之前，為了使今後推演的公式裡不致明顯地含恆量 c，將引用光時間 $l = ct$ 以代替時間 t。於是規定洛倫茲變換，首先要求它能使方程

$$\Delta x_1^2 + \Delta x_2^2 + \Delta x_3^2 - \Delta l^2 = 0 \qquad (22b)$$

成為協變方程，就是說，如果方程對於兩個既定事件（光線的發射與接收）所參照的慣性系能滿足，則它對於每個慣性系都能滿足。最後，仿閔考斯基，引用虛值的時間座標

$$x_4 = il = ict \,(\sqrt{-1} = i)$$

以代替實值的時間座標 $l = ct$。於是確定光的傳播的方程便成了

$$\sum_{(4)} \Delta x_\nu^2 = \Delta x_1^2 + \Delta x_2^2 + \Delta x_3^2 + \Delta x_4^2 = 0 \qquad (22c)$$

這個方程必須對於洛倫茲變換是協變的。如果

$$s^2 = \Delta x_1^2 + \Delta x_2^2 + \Delta x_3^2 + \Delta x_4^2 \qquad (23)$$

對於變換是不變量這個更普遍的條件能滿足，則上述條件就總能滿足了。[②]要滿足這個條件，只有用線性變換，即形式為

$$x'_\mu = a_\mu + b_{\mu a} x_a \qquad (24)$$

的變換，其中要遍歷 α 求和，即要從 $\alpha = 1$ 到 $\alpha = 4$ 求和。看一下方程 (23) 與 (24) 就知道：如果不論維數以及實性關係，則這樣確定的洛倫茲變換和歐幾里得幾何學的平動與轉動變換是一樣的。也能推斷：係數 $b_{\mu a}$ 必須滿足條件

$$b_{\mu a} b_{v a} = \delta_{\mu v} = b_{a\mu} b_{av} \qquad (25)$$

因為諸 x_v 的比值是實數，所以除掉 a_4，b_{41}，b_{42}，b_{43}，b_{14}，b_{24}，與 b_{34} 具有純虛值之外，所有其餘的 a_μ 與 $b_{\mu a}$ 都具有實值。

特殊洛倫茲變換　如果只變換兩個座標，並令所有只確定新原點的 a_μ 都等於零，便得到 (24) 與 (25) 類型裡最簡單的變換。於是由關係式 (25) 所供給的三個獨立條件求得

$$\left. \begin{aligned} x'_1 &= x_1 \cos\phi - x_2 \sin\phi \\ x'_2 &= x_1 \sin\phi - x_2 \cos\phi \\ x'_3 &= x_3 \\ x'_4 &= x_4 \end{aligned} \right\} \qquad (26)$$

---

② 以後將明白這樣的特殊化在於這種情況的性質。

　　這是（空間）坐標系在空間繞 x_3 軸的簡單轉動。我們看到前面研究過的空間轉動變換（沒有時間變換）是作為特殊情況包括在洛倫茲變換裡的。類此，對於指標 1 與 4，有

$$\left.\begin{array}{l} x_1' = x_1\cos\psi - x_4\sin\psi \\ x_4' = x_1\sin\psi + x_4\cos\psi \\ x_2' = x_2 \\ x_3' = x_3 \end{array}\right\} \quad (26a)$$

　　由於實性關係，對於 ψ 需取虛值。為了從物理上解釋這些方程，引用實值的光時間 l 與 K' 相對於 K 的速度 v 以代替虛值的 ψ 角。首先有

$$x_1' = x_1\cos\psi - il\sin\psi$$

$$l' = -ix_1\sin\psi + l\cos\psi$$

因為對於 K' 的原點，即對於 $x_1' = 0$，必須有 $x_1 = vl$，所以由第一個方程有

$$v = i\tan\psi \quad (27)$$

還有

$$\left.\begin{array}{l} \sin\psi = \dfrac{-iv}{\sqrt{1-v^2}} \\[3mm] \cos\psi = \dfrac{+1}{\sqrt{1-v^2}} \end{array}\right\} \quad (28)$$

於是得到

$$\left.\begin{array}{l} x_1' = \dfrac{x_1 - vl}{\sqrt{1-v^2}} \\[2mm] l' = \dfrac{l - vx_1}{\sqrt{1-v^2}} \\[2mm] x_2' = x_2 \\[1mm] x_3' = x_3 \end{array}\right\} \tag{29}$$

這些方程形成眾所周知的特殊洛倫茲變換；在普遍的理論裡，這種變換表示四維坐標系按照虛值轉角所作的轉動，如果引用通常的時間 t 來代替光時間 l，則必須在 (29) 裡將 l 換成 ct，將 v 換成 $\dfrac{v}{c}$。

現在必須補填一個漏洞。根據光速恆定原理，方程

$$\Sigma \Delta x_v^2 = 0$$

具有和慣性系的選擇無關的特徵；但絲毫不應由此推斷 $\Sigma \Delta x_v^2$ 這個量的不變性。這個量在變換中可能還帶有一個因數，因為 (29) 的右邊可能乘上可以依賴於 v 的因數 λ。然而現在要證明相對性原理不容許這個因數不等於 1。假設有一個圓柱形的剛體沿其軸線方向運動。如果在靜止時用單位長的量桿測得其半徑等於 R_0，則運動時，其半徑 R 可能不等於 R_0，因為相對論並沒有假定對於某一參照空間，物體的形狀和它們相對於這個參照空間的運動無關。然而空間所有的方向必須彼此等效。所以 R 可能依賴於速度的大小 q，但與其方向無關；因此 R 必須是 q 的偶函數。設圓柱相對於 K' 為靜止，則其側表面方程是

$$x'^2 + y'^2 = R_0^2$$

如果將 (29) 的最後兩個方程更普遍地寫成

$$x'_2 = \lambda x_2$$

$$x'_3 = \lambda x_3$$

則對於 K，圓柱側表面滿足方程

$$x^2 + y^2 = \frac{R_0^2}{\lambda^2}$$

所以因數 λ 測度圓柱的橫向收縮，因此根據前面，只能是 v 的偶函數。

如果引入第三個坐標系 K''，以速度 v 沿 K 的負 x 軸方向而相對於 K' 運動，兩次應用 (29)，便得到

$$x''_1 = \lambda (v) \lambda (-v) x_1$$

$$\cdots\cdots$$

$$\cdots\cdots$$

$$l'' = \lambda (v) \lambda (-v) l$$

現在因為 $\lambda(v)$ 必須等於 $\lambda(-v)$，且假定在所有的系裡用同樣的量桿，所以 K'' 到 K 的變換一定是恆等變換（因為無需考慮 $\lambda = -1$ 的可能性）。在這些討論中有必要假定量桿的性質和其以前運動的歷史無關。

運動的量桿與時計　在確定的 K 時間，$l = 0$，以整數值 $x'_1 = n$ 給定各點的位置，而對於 K，是以 $x_1 = n\sqrt{1 - v^2}$ 給定的；這是由 (29) 的第一個方程得來的，並且表示洛倫茲收縮。在 K 的原點 $x_1 = 0$ 保持靜止而以 $l = n$ 表示拍數的時計，由 K' 觀察時，具有以

$$l' = \frac{n}{\sqrt{1-v^2}}$$

表示的拍數；這是由 (29) 的第二個方程得來的，並且表示時計比較它相對於 K' 為靜止時要走得慢些。這兩個結論，看情形加以適當的修改，適用於每個參照系；它們構成了洛倫茲變換擺脫了積習的物理內容。

速度的加法定理 如果將具有相對速度 v_1 與 v_2 的兩個特殊洛倫茲變換合併起來，則按照 (27)，代替這兩個變換的一個洛倫茲變換內所含的速度是

$$v_{12} = i\tan(\psi_1 + \psi_2) = i\frac{\tan\psi_1 + \tan\psi_2}{1 - \tan\psi_1\tan\psi_2} = \frac{v_1 + v_2}{1 + v_1 v_2} \tag{30}$$

關於洛倫茲變換及其不變量理論的一般敘述 狹義相對論裡不變量的全部理論有賴於 (23) 裡的不變量 s^2。形式上，它在四維時空連續區域裡的地位就和不變量 $\Delta x_1^2 + \Delta x_2^2 + \Delta x_3^2$ 在歐幾里得幾何學與相對論前物理學裡的地位一樣。後面這個量對於所有的洛倫茲變換並非不變量；(23) 式裡的量 s^2 才取得這樣的不變量的地位。對於任意的慣性系，s^2 可由量度來確定；採用既定的量度單位，則和任意的兩個事件相聯繫的 s^2 是一個完全確定的量。

不論維數，不變量 s^2 和歐幾里得幾何學裡相應的不變量有以下幾點區別。在歐幾里得幾何學裡，s^2 必然是正的；只有當所涉及的兩點重合時，它才化為零。另一方面，根據

$$s^2 = \Sigma \Delta x_v^2 = \Delta x_1^2 + \Delta x_2^2 + \Delta x_3^2 - \Delta l^2$$

化爲零並不能斷定兩個時空點的重合；s^2 這個量化爲零是兩個時空點可以在眞空裡用光訊號聯繫起來的不變性條件。如果 P 是在 x_1，x_2，x_3，l 的四維空間裡所表示的一點（事件），則可用光訊號和 P 聯繫起來的所有各「點」都在錐面 $s^2 = 0$ 上（參看圖 1，圖上沒顯示出 x_3 這一維）。「上」半個錐面可以包含

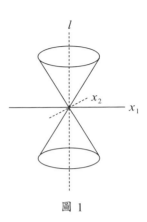

圖 1

能把光訊號由 P 送達的各「點」；於是「下」半個錐面便會包含能把光訊號送達 P' 的各「點」。包在錐面內的點 P' 與 P 構成負值的 s^2；於是按照閔考斯基的說法，PP' 以及 $P'P$ 是類時間隔。這種間隔表示運動的可能路線的元素，速度小於光速。[3] 在這個情況下，適當地選擇慣性系的運動狀態就可以沿 PP' 的方向畫出 l 軸。如果 P' 在「光錐」之外，則 PP' 是類空間隔；在這個情況下，適當地選擇慣性系可以使 Δl 化爲零。

　　閔考斯基由於引入虛值的時間變數 $x_4 = il$，便使得物理現象中四維連續區域的不變量理論完全類似於歐幾里得空間裡三維連續區域的不變量理論。因此狹義相對論裡四維張量的理論和三維空間裡張量理論之間只在維數與實性關係上有

---

[3] 根據特殊洛倫茲變換 (29) 裡根式 $\sqrt{1 - v^2}$ 的出現，可以推知超過光速的物質速度是不可能的。

所區別。

如果在 x_1，x_2，x_3，x_4 的任意慣性系裡有四個量 A_ν，在實性關係與變換性質上和 Δx_ν 相當，則用這四個量指明出來的物理量稱爲具有分量 A_ν 的四元向量；它可以是類空的或類時的。如果十六個量 $A_{\mu\nu}$ 按法則

$$A'_{\mu\nu} = b_{\mu a} b_{\nu \beta} A_{a\beta}$$

作變換，則構成了二階張量的分量。由此可知在變換性質與實性性質上，$A_{\mu\nu}$ 和兩個四元向量（U）與（V）的分量 U_μ 與 V_ν 的乘積是一樣的。其中除掉只含一個指標 4 的分量有純虛值之外，其餘所有的分量都具有實值。用類似辦法可以爲三階和更高階的張量下定義。這些張量的加法、減法、乘法、降階與取導數運算，完全類似於三維空間裡張量的相應的運算。

在把張量理論應用到四維時空連續區域之前，我們還要特別研究反稱張量。二階張量一般有 16 = 4·4 個分量。在反稱的情況下，具有兩個相等指標的分量等於零，具有不等指標的分量則成對地相等而符號相反。所以就像電磁場的情況一樣，只存在六個獨立的分量。事實上只要把電磁場當做反稱張量，在考慮到麥克斯韋方程時就會證明：可以將這些方程看成張量方程。還有，三階反稱的（對於所有各對指標都是反稱的）張量顯然只有四個獨立的分量，因爲三個不同的指標只有四種組合。

現在談到麥克斯韋方程 (19a)，(19b)，(20a)，(20b)，

引用寫法④：

$$\left.\begin{array}{cccccc} \phi_{23} & \phi_{31} & \phi_{12} & \phi_{14} & \phi_{24} & \phi_{34} \\ h_{23} & h_{31} & h_{12} & -ie_x & -ie_y & -ie_z \end{array}\right\} \tag{30a}$$

$$\left.\begin{array}{cccc} J_1 & J_2 & J_3 & J_4 \\ \dfrac{1}{c}i_x & \dfrac{1}{c}i_y & \dfrac{1}{c}i_z & i_\rho \end{array}\right\} \tag{31}$$

並約定 $\phi_{\mu v}$ 要等於 $-\phi_{\mu v}$，於是將 (30a) 與 (31) 代入麥克斯韋方程，便容易證明這些方程可以合併成以下形式：

$$\frac{\partial \phi_{\mu v}}{\partial x_v} = J_\mu \tag{32}$$

$$\frac{\partial \phi_{\mu v}}{\partial x_\sigma} + \frac{\partial \phi_{\mu \sigma}}{\partial x_\mu} + \frac{\partial \phi_{\sigma \mu}}{\partial x_v} = 0 \tag{33}$$

如果如我們假定的，$\phi_{\mu v}$ 與 J_μ 具有張量性質，則方程 (32) 與 (33) 具有張量性質，因而對於洛倫茲變換是協變的。結果是，將這些量由一個可容許的（慣性）坐標系變換到另一個所遵循的規律是唯一決定的。電動力學裡歸功於狹義相對論的那種方法上的進步主要在於減少了獨立假設的個數。例如，倘若像在前面曾經進行過的那樣，只從方向相對性的觀點考察方程 (19a)，我們看到它們有三個邏輯上獨立的項。電場強度怎樣參與這些方程看來是和磁場強度怎樣參與這

---

④ 今後為了避免混淆，將用三維空間指標 x，y，z 代替 1，2，3，並將為四維時空連續區域保留數位指標 1，2，3，4。

些方程完全無關的；假使以 $\frac{\partial^2 e_\mu}{\partial l^2}$ 代替 $\frac{\partial e_\mu}{\partial l}$，或者假使沒有 $\frac{\partial e_\mu}{\partial l}$ 這一項，好像也無足驚奇。另一方面，在方程 (32) 裡只出現了兩個獨立的項。電磁場出現為一個形式上的單元；電場如何參與這個方程決定於磁場是如何參與的。除了電磁場，只有電流密度出現為獨立的事物。這種方法上的進步是由於透過運動的相對性，使電場和磁場失卻了它們不相聯屬的存在。由某個系來判斷，一個場純粹表現為電場；但由另一個慣性系來判斷，這個場卻還有磁場分量。將普遍的變換律應用於電磁場，則對於特殊洛倫茲變換這樣的特殊情況就提供方程

$$\left.\begin{array}{ll} e'_x = e_x & h'_x = h_x \\ e'_y = \dfrac{e_y - vh_z}{\sqrt{1-v^2}} & h'_y = \dfrac{h_y + ve_z}{\sqrt{1-v^2}} \\ e'_z = \dfrac{e_z + vh_y}{\sqrt{1-v^2}} & h'_z = \dfrac{h_z - ve_y}{\sqrt{1-v^2}} \end{array}\right\} \tag{34}$$

如果對於 K 只存在磁場 **h**，而沒有電場 **e**，則對於 K' 卻還存在電場 **e′**，它會作用到相對於 K' 為靜止的帶電質點上。相對於 K 為靜止的觀察者會稱這個力為畢奧─薩伐爾力或洛倫茲電動力。所以好像這個電動力是和電場強度融合為一了。

為了從形式上觀察這個關係，讓我們考慮作用於單位體積電荷上的力的表示：

$$\boldsymbol{k} = \rho \boldsymbol{e} + \boldsymbol{i} \times \boldsymbol{h} \tag{35}$$

其中 **i** 是電荷的向量速度，以光速爲單位。如果按照 (30a) 與 (31) 引用 J_μ 與 $\phi_{\mu v}$，則對於第一個分量便有表示式

$$\phi_{12}J_2 + \phi_{13}J_3 + \phi_{14}J_4$$

注意到由於張量（ϕ）的反稱性，可知 ϕ_{11} 化爲零，於是四維向量

$$K_\mu = \phi_{\mu v}J_v \tag{36}$$

的前三個分量就是 **k** 的分量，而第四個分量就是

$$K_4 = \phi_{41}J_1 + \phi_{42}J_2 + \phi_{43}J_3 = i(e_x i_x + e_y i_y + e_z i_z) = i\lambda \tag{37}$$

所以有單位體積上的力的一個四維向量，其前三個分量 k_1，k_2 與 k_3 是單位體積上的有質動力的分量。而其第四個分量是單位體積的場的功率乘以 $\sqrt{-1}$。

比較 (36) 與 (35) 就看出相對論在形式上將電場的有質動力 ρe 和畢奧－薩伐爾力或洛倫茲力 $i \times h$ 連合起來了。

質量與能量　從四元向量 K_μ 的存在與含義可以獲致一項重要的結論。設想電磁場在某個物體上作用了一段時間。象徵圖（圖 2）上的 Ox_1 是指 x_1 軸，同時也就代替著三條空間軸 Ox_1，Ox_2，Ox_3；Ol 是指實值的時間軸。在這個圖上，線段 AB 表示在確定時間 l 的一個具有有限大小的

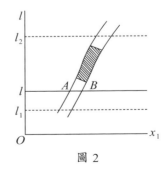

圖 2

物體；這個物體的整個時空的存在則以帶形表示，帶形的邊
界處處和 l 軸有小於 45° 的傾斜。帶形的一部分描了陰影，
這部分在時間截口 $l = l_1$ 與 $l = l_2$ 之間，但沒有伸達截口。
在它所表示的這部分時空流形裡，有電磁場作用於這個物
體，或是作用於其所含的電荷，而這種作用又傳到了物體
上。現在考慮物體的動量與能量由於這種作用的結果所起的
變化。

假定動量與能量原理對於這個物體是適用的。於是動量
的變化 ΔI_x，ΔI_y，ΔI_z 與能量的變化 ΔE 可用下列式子表示：

$$\Delta I_x = \int_{l_1}^{l_2} dl \int k_x dx dy dz = \frac{1}{i} \int K_1 dx_1 dx_2 dx_3 dx_4$$

$$\cdots\cdots$$
$$\cdots\cdots$$

$$\Delta E = \int_{l_1}^{l_2} dl \int \lambda dx dy dz = \frac{1}{i} \int \frac{1}{i} K_4 dx_1 dx_2 dx_3 dx_4$$

因為四維體素是不變量，而（K_1，K_2，K_3，K_4）形成四元
向量，所以遍及陰影部分的四維積分應按四元向量變換；l_1
與 l_2 兩限間的積分也應如此，因為區域裡未描陰影的部分
對於積分是沒有貢獻的。因此 ΔI_x，ΔI_y，ΔI_z，$i\Delta E$ 形成四元
向量。因為可以設定各個量的本身變換起來和它們的增量一
樣，所以推斷四個量

$$I_x，I_y，I_z，iE$$

的集體本身具有向量特性；這些量所指的是物體的即時狀態
（例如在時刻 $l = l_1$）。

　　將這個物體當做質點，則這個四元向量也可以用它的質量 m 與速度來表示。為了形成這樣的表示式，首先注意到

$$-ds^2 = d\tau^2 = -(dx_1^2 + dx_2^2 + dx_3^2) - dx_4^2 = dl^2(1 - q^2) \qquad (38)$$

是不變量，它涉及表示質點運動的四維曲線的一個無限短的部分。容易給出不變量 $d\tau$ 的物理意義。如果選擇時間軸，使它具有考慮中的線微分的方向，或者換句話說，如果將質點變換成靜止，就會有 $d\tau = dl$；因此就可用和質點在同一地點，相對於質點為靜止的光秒時計來測定。所以稱 τ 為質點的原時。可見 $d\tau$ 和 dl 不同，它是不變量。對於速度遠低於光速的運動，它實際上等於 dl。因此知道

$$u_\sigma = \frac{dx_\sigma}{d\tau} \qquad (39)$$

正如 dx_v 一樣，具有向量的特性；（μ_σ）將稱為速度的四維向量（簡稱四元向量）。根據 (38)，其分量滿足條件

$$\sum u_\sigma^2 = -1 \qquad (40)$$

在三維裡，質點的速度分量是以

$$q_x = \frac{dx}{dl} , \; q_y = \frac{dy}{dl} , \; q_z = \frac{dz}{dl}$$

為定義的；於是按照通常的寫法，速度的四元向量的分量是

$$\frac{q_x}{\sqrt{1 - q^2}} , \; \frac{q_y}{\sqrt{1 - q^2}} , \; \frac{q_z}{\sqrt{1 - q^2}} , \; \frac{i}{1\sqrt{-q^2}} \qquad (41)$$

我們知道：速度的四元向量是可能由三維裡質點速度分量形

成的唯一的四元向量。所以又知道

$$\left(m \frac{dx_\mu}{d\tau} \right) \tag{42}$$

必然就是應當和動量與能量的四元向量相等的四元向量,而動量與能量的四元向量的存在性是上面證明了的。使對應的分量相等並用三維的寫法,便得到

$$\left. \begin{aligned} I_x &= \frac{mq_x}{\sqrt{1-q^2}} \\ &\cdots\cdots \\ &\cdots\cdots \\ E &= \frac{m}{\sqrt{1-q^2}} \end{aligned} \right\} \tag{43}$$

事實上可以認識:對於遠低於光速的速度,這些動量的分量和經典力學裡的相符。對於高速度,動量的增長比較隨速度的線性增長要快,以致在接近光速時趨於無限大。

如果將 (43) 裡最後的方程應用於靜止質點($q = 0$),便知道靜止物體的能量 E_0 等於其質量。如果取秒為時間的單位,就會得到

$$E_0 = mc^2 \tag{44}$$

所以質量與能量實質上是相像的;它們只是同一事物⑤的不同表示。物體的質量不是恆量;它隨著物體能量的改變而改

⑤ 這裡把質量和能量說成是同一事物,是不合於辯證唯物主義觀點的。——中文譯本編者注。

變。⑥由 (43) 裡末一個方程可知，當 q 趨於 1，即趨近光速時，E 將無限增大。如果按 q^2 的冪展開 E，便得到

$$E = m + \frac{m}{2}q^2 + \frac{3}{8}mq^4 \cdots + \cdots \tag{45}$$

這個表示式的第二項相當於經典力學裡質點的動能。

質點的運動方程　由 (43)，對於時間 l 求導數，並利用動量原理，則採用三維向量的寫法，就得到

$$\boldsymbol{K} = \frac{d}{dl}\left(\frac{mq}{\sqrt{1-q^2}}\right) \tag{46}$$

從前這個方程曾被 H. A. 洛倫茲用之於電子的運動。β 射線的實驗以高度準確性證明了這個方程的真實。

電磁場的能張量　在相對論創立前，已經知道電磁場的能量與動量的原理能夠以微分形式表示。這些原理的四維表述引入了重要的能張量概念，這個概念對於相對論的進一步發展是重要的。

如果使用方程 (32)，在單位體積上的力的四元向量表示式

$$K_\mu = \phi_{\mu\nu}J_\nu$$

⑥ 放射過程中能量的發射顯然和原子量不是整數的事實有關係。近年來在許多事例中證實了方程 (44) 所表示的靜質量與靜能量間的相當性。放射分解中所得質量之和總是少於在分解中的原子的質量。其差以產出粒子的動能形式和釋放的輻射能形式出現。

裡以場的強度 $\phi_{\mu v}$ 表示 J_v，則經過一些變換和場方程 (32) 與 (33) 的重複運用之後，求得表示式

$$K_\mu = -\frac{\partial T_{\mu v}}{\partial x_v} \tag{47}$$

其中曾令 [7]

$$T_{\mu v} = -\frac{1}{4}\phi_a^2\beta\delta_{\mu v} + \phi_{\mu a}\phi_{va} \tag{48}$$

如果使用新的寫法，將方程 (47) 改成

$$\left. \begin{aligned} k_x &= -\frac{\partial p_{xx}}{\partial x} - \frac{\partial p_{xy}}{\partial y} - \frac{\partial p_{xz}}{\partial z} - \frac{\partial(ib_x)}{\partial(il)} \\ &\cdots\cdots \\ &\cdots\cdots \\ i\lambda &= -\frac{\partial(is_x)}{\partial x} - \frac{\partial(is_y)}{\partial y} - \frac{\partial(is_z)}{\partial z} - \frac{\partial(-\eta)}{\partial(il)} \end{aligned} \right\} \tag{47a}$$

或消去虛數單位

$$\left. \begin{aligned} k_x &= -\frac{\partial p_{xx}}{\partial x} - \frac{\partial p_{xy}}{\partial y} - \frac{\partial p_{xz}}{\partial z} - \frac{\partial b_x}{\partial l} \\ &\cdots\cdots \\ &\cdots\cdots \\ \lambda &= -\frac{\partial s_x}{\partial x} - \frac{\partial s_y}{\partial y} - \frac{\partial s_z}{\partial z} - \frac{\partial \eta}{\partial l} \end{aligned} \right\} \tag{47b}$$

則方程 (47) 的物理意義就明顯了。

表示成後面這種形式時，便知道前三個方程所表述的

---

[7] 按指標 α 與 β 求和。

是動量原理；p_{xx}，…，p_{zz} 是電磁場裡的麥克斯韋應力，而（b_x，b_y，b_z）是場的單位體積的向動量。(47b) 裡最後的方程所表示的是能量原理；s 是能量的向通量，而 η 是場的單位體積的能量。事實上，引用場強度的實值分量，可由 (48) 獲得下列電動力學裡熟悉的式子：

$$\left.\begin{aligned}
p_{xx} &= -h_x h_x + \frac{1}{2}(h_x^2 + h_y^2 + h_z^2) - e_x e_x + \frac{1}{2}(e_x^2 + e_y^2 + e_z^2) \\
p_{xy} &= -h_x h_y - e_x e_y \\
p_{xz} &= -h_x h_z - e_x e_z \\
&\cdots\cdots \\
&\cdots\cdots \\
b_x &= s_x = e_y h_z - e_z h_y \\
&\cdots\cdots \\
&\cdots\cdots \\
\eta &= +\frac{1}{2}(e_x^2 + e_y^2 + e_z^2 + h_x^2 + h_y^2 + h_z^2)
\end{aligned}\right\} \qquad \text{(48a)}$$

由 (48) 可見電磁場的能張量是對稱的；這聯繫到單位體積的動量和能量通量彼此相等的事實（能量與慣量間的關係）。

於是由這些討論斷定單位體積的能量具有張量的特性。這只是對於電磁場才直接證明過，然而可以主張它具有普遍的適用性。已知電荷與電流的分布時，麥克斯韋方程可以確定電磁場。但是我們不知道控制電流與電荷的定律。我們的確知道電是由基本粒子（電子，陽原子核）構成的，然而從理論的觀點來看，我們對此還不能通曉。在大小與電荷都已確定的粒子裡，我們不知道決定電分布的能量因素，而且

在這個方向上完成理論的一切企圖都失敗了。那麼如果稍爲有可能在麥克斯韋方程的基礎上來建立理論的話,則只知道帶電粒子外面的電磁場能張量。[8]只有在帶電粒子外面的區域裡,我們才能相信我們擁有能張量的完全表示式;在這些區域裡,根據 (47),有

$$\frac{\partial T_{\mu v}}{\partial x_v} = 0 \qquad\qquad (47c)$$

守恆原理的普遍表示式　我們幾乎不能避免假設在所有其他的情況下,能量的空間分布也是由一個對稱張量 $T_{\mu v}$ 來給定,並且這個完全的能張量處處滿足式子 (47c)。無論怎樣,會看到由這個假設能獲得能量原理積分形式的正確表示式。

設想一個空間有界的閉合系,可以從四維的觀點表爲帶形,在它外面的 $T_{\mu v}$ 化爲零(圖 3)。在某一空間截口上求方程 (47c) 的積分。因爲由於在積分限上 $T_{\mu v}$ 等於零,$\frac{\partial T_{\mu 1}}{\partial x_1}$,$\frac{\partial T_{\mu 2}}{\partial x_2}$ 與 $\frac{\partial T_{\mu 3}}{\partial x_3}$ 的積分都等於零,所以得到

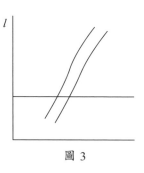

圖 3

---

⑧ 曾經企圖將帶電粒子當做眞奇異點來補救這項知識的不足。但是我認爲這意味著放棄對於物質結構的眞正了解。我看與其滿足於僅僅是表面上的解答,還不如承認我們目前的無能要好得多。

$$\frac{\partial}{\partial l}\left\{\int T_{\mu 4}dx_1dx_2dx_3\right\} = 0 \qquad (49)$$

　　括弧裡的式子表示整個系的動量乘 i，以及系的負能量，因此 (49) 表示了守恆原理的積分形式。由下面的討論就會看到它所給的是能量和守恆原理的正確概念。

物質的能張量的唯象表示

　　流體動力學方程　　我們知道物質是帶電粒子構成的，但是不知道控制這些粒子構造的定律。因此在處理力學問題時不得不利用相當於經典力學裡那樣不精確的物質描述。這樣的描述是以物質密度 σ 與流體動力壓強這些基本概念為基礎的。

　　設 σ_0 為物質在某一地點的密度，是參照著隨物質運動的坐標系來估量的。那麼靜密度 σ_0 是不變量。如果設想物質在作任意的運動，並且不計壓強（真空裡的塵埃微粒，不計其大小與溫度），則能張量將只和速度分量 u_v 與 σ_0 有關。令

$$T_{\mu v} = \sigma_0 u_p u_v \qquad (50)$$

使 $T_{\mu v}$ 取得張量特性，式中 u_μ，作三維表示，是由 (41) 給定的。事實上，由（50）可知 $q = 0$ 時，$T_{44} = -\sigma_0$（等於單位體積的負能量），有如根據質能相當性原理，並按照前面關於能張量的物理解說，所應得的結果。如果有外力（四維向量 K_μ）作用於物質，由動量與能量的原理，方程

$$K_\mu = \frac{\partial T_{\mu v}}{\partial x_v}$$

必須成立。現在證明這個方程會導致同樣的曾經獲得的質點運動定律。設想物質在空間中的範圍是無限小的，就是設想一條四維的線；於是對於空間座標 x_1，x_2，x_3，遍歷整條線取積分，便得

$$\int K_1 dx_1 dx_2 dx_3 = \int \frac{\partial T_{14}}{\partial x_4} dx_1 dx_2 dx_3$$

$$= -i \frac{d}{dl} \left\{ \int \sigma_0 \frac{dx_1}{d\tau} \frac{dx_4}{d\tau} dx_1 dx_2 dx_3 \right\}$$

$\int dx_1 dx_2 dx_3 dx_4$ 是不變量，於是 $\int \sigma_0 dx_1 dx_2 dx_3 dx_4$ 也是不變量。對於不同的坐標系來計算這個積分，首先是剛才選定的慣性系，然後是物質相對於它具有零速度的一個系。通過那條線的一根纖維求積分，對於這樣的纖維，可以認為 σ_0 在整個截口上是一樣的。設纖維對於這兩個系的空間體積分別是 dV 與 dV_0，則有

$$\int \sigma_0 dV dl = \int \sigma_0 dV_0 d\tau$$

所以還有

$$\int \sigma_0 dV = \int \sigma_0 dV_0 \frac{d\tau}{dl} = \int dm i \frac{d\tau}{dx_4}$$

如果在前面的積分裡，用這裡的右邊來代替左邊，將 $\frac{dx_1}{d\tau}$ 放在積分號外面，便得

$$K_x = \frac{d}{dl} \left(m \frac{dx_1}{d\tau} \right) = \frac{d}{dl} \left(\frac{mq_x}{\sqrt{1 - q^2}} \right)$$

因此可見推廣了的能張量概念符合於前面的結果。

理想流體的歐拉方程 為了更接近於眞實物質的性質，必須在能張量裡加上相當於壓強的一項。最簡單的就是理想流體的情況，這裡壓強決定於純量 p。因為在這種情況下，能張量的貢獻應具有 $p\delta_{\mu\nu}$ 的形式。所以需令

$$T_{\mu\nu} = \sigma u_\mu u_\nu + p\delta_{\mu\nu} \tag{51}$$

在這種情況下，靜止時物質的密度，或單位體積的能量，不是 σ 而是 $\sigma - p$。因為

$$-T_{44} = -\sigma \frac{dx_4}{d\tau} \frac{dx_4}{d\tau} - p\delta_{44} = \sigma - p$$

沒有任何力的時候，有

$$\frac{\partial T_{\mu\nu}}{\partial x_\nu} = \sigma u_\nu \frac{\partial u_\mu}{\partial x_\nu} + u_\mu \frac{\partial(\sigma u_\nu)}{\partial x_\nu} + \frac{\partial p}{\partial x_\mu} = 0$$

如果將這個方程乘以 $u_\mu \left(= \dfrac{dx_\mu}{d\tau} \right)$ 並按 μ 求和，則利用 (40)，就得

$$-\frac{\partial(\sigma u_\nu)}{\partial x_\nu} + \frac{dp}{d\tau} = 0 \tag{52}$$

其中已經使 $\dfrac{\partial p}{\partial x_\mu} \dfrac{dx_\mu}{d\tau} = \dfrac{dp}{d\tau}$。這就是連續性方程，它和經典力學裡的連續性方程相差 $\dfrac{dp}{d\tau}$ 一項，這一項實際上小得趨近於零。遵守 (52)，就知守恆原理具有形式

$$\sigma \frac{du_\mu}{d\tau} + u_\mu \frac{dp}{d\tau} + \frac{\partial p}{\partial x_\mu} = 0 \tag{53}$$

關於前三個指標的方程顯然相當於歐拉方程。方程 (52) 與 (53) 在初級近似上相當於經典力學裡的流體動力學方程，這事實進一步證實推廣的能量原理。物質的（或能量的）密度具有張量特性（說得明確些，它構成對稱張量）。

阿爾伯特・愛因斯坦（5 歲）和他的妹妹瑪雅（3 歲）1884 年。

第三章

廣義相對論

　　愛因斯坦從慣性質量等於引力質量這一事實想到：如果在一個（空間範圍很小的）引力場裡，我們不是引進一個慣性系，而是引進一個相對於它作加速運動的參照系，那麼事物就會像在沒有引力的空間裡那樣行動，這就是所謂的等效原理。愛因斯坦進而把相對性原理推廣到加速系，這就是所謂的廣義相對性原理。

愛因斯坦（坐在左邊）1896 年與阿勞州立學校的同學合影。

　　所有前面的考慮都基於如下的假設：所有慣性系對於描述物理現象都是等效的，而且為了規定自然界的定律，則寧願選取這類的系，而不用處於別的運動狀態下的參照空間。按照我們前面的考慮，不論是就可覺察的物體或是在運動的概念上，都想不到為什麼要偏愛一定類型的運動狀態而不取所有別的運動狀態的原因；相反地，必須認為這是時空連續區域的一種獨立的性質。特別是慣性原理，它好像迫使我們將物理上的客觀性質歸之於時空連續區域，就像 tempus est absolutum（時間是絕對的）與 spatium est absolutum（空間是絕對的）這兩個說法，在牛頓的觀點上是一致的一樣，我們從狹義相對論的觀點就必須說 continuum spatii et temporis est absolutum（時空連續區域是絕對的）。後面這句話裡的 absolutum（絕對的）不僅意味著「物理上真實的」，並且還意味著「在其物理性質上是獨立的，具有物理效應，但本身不受物理條件的影響」。

　　只要將慣性原理當做物理學的奠基石，這種觀點當然是唯一被認為合理的觀點，然而對於通常的概念有兩項嚴重的指摘。第一，設想一件本身產生作用而不能承受作用的事物（時空連續區域）是違反科學上的思考方式的。這就是使得 E. 馬赫試圖在力學體系裡排除以空間為主動原因的理由。按照他的說法，質點不是相對於空間，而是相對於宇宙間所有其他質量的中心作無加速的運動；這樣便使力學現象的一系列原因封閉起來，和牛頓與伽利略的力學是不同的。為了在媒遞作用的現代理論範圍內發展這個觀念，必須把決定慣性的時空連續區域的性質當做空間的場的性質，有些類似於

電磁場。經典力學的概念無從提供作這種表示的方法。因爲馬赫解決這個問題的企圖一時是失敗了。今後我們還要回到這個論點。第二，經典力學顯露了一個缺點，這個缺點直接要求將相對性原理推廣到互相不作等速運動的參照空間。力學裡兩個物體的質量之比有兩種彼此根本不同的定義方式：第一種，作爲同一動力給它們的加速度的反比（慣性質量）；第二種，作爲同一引力場裡作用在它們上面的力的比（引力質量）。定義下得這樣不同的兩種質量的相等是經過高度準確的實驗（厄缶的實驗）所肯定的事實，而經典力學對於這種相等沒有提供解釋。但是顯然只有在將這個數值上的相等化爲這兩種概念在眞實性質上的相等之後，才能在科學上充分證實我們規定這樣數值上的相等是合理的。

根據以下的考慮可以知道推廣相對性原理可能實際上達到這個目的。稍加思考就會顯示慣性質量和引力質量相等的定律相當於引力場給物體的加速度和物體的性質無關的說法。因爲將引力場裡的牛頓運動方程用文字全寫出來，就是

（慣性質量）·（加速度）＝（引力場強度）·（引力質量）。

只有當慣性質量和引力質量數值上相等時，加速度才與物體的性質無關。現在設 K 爲慣性系。於是對於 K，彼此間足夠遙遠並和其他物體足夠遙遠的質量是沒有加速度的。再就對於 K 有等加速度的坐標系 K' 來考究這些質量。相對於 K'，所有的質量都有相等而平行的加速度；它們對於 K' 的行動就好像存在著引力場而 K' 沒有加速度一樣。暫且不

管這種引力場的「原因」問題，把它放在以後來研究，那麼就沒有什麼阻止我們設想這個引力場是眞實的，就是說，我們可以認爲 K'「靜止」而引力場存在的觀念和只有 K 是「可容許的」坐標系而引力場不存在的觀念是等效的。坐標系 K 和 K' 在物理上完全等效的假設稱爲「等效原理」；這個原理與慣性質量和引力質量之間的相等定律顯然有著密切聯繫，它意味著將相對性原理推廣到彼此相對作非等速運動的坐標系。事實上我們透過這個觀點，使慣性與萬有引力的性質歸於統一。因爲按照我們的看法，同樣的一些質量可以表現爲僅僅在慣性作用之下（對於 K），又可以表現爲在慣性和萬有引力的雙重作用之下（對於 K'）。利用了慣性和萬有引力兩者性質的統一，便使得它們在數值上相等的解釋成爲可能，我深信這種可能性使廣義相對論具有遠超過經典力學概念的優越性；要是和這個進步相比較，就必須認爲一切遭遇到的困難都是微小的。

　　根據實驗，慣性系凌駕所有其他坐標系之上的優越地位像是肯定地建立了的，我們有什麼理由取消這種優越地位呢？慣性原理的弱點在於它含有迴圈的論證：如果一個質量離其他物體足夠遙遠，它就作沒有加速度的運動；而我們卻又只根據它運動時沒有加速度的事實才知道它離其他物體足夠遙遠。對於時空連續區域裡非常廣大的部分，乃至對於整個宇宙，究竟有沒有任何慣性系呢？只要忽略太陽與行星所引起的攝動，則可以在很高的近似程度上認爲慣性原理對於太陽系的空間是成立的。說得更確切些，存在著有限的區域，在這些區域裡，質點對於適當選取的參照空間會自由地

作沒有加速度的運動，並且前面獲得的狹義相對論裡的定律，在這些區域裡的成立都是異常準確的。這樣的區域稱爲「伽利略區域」。讓我們從把這種區域作爲具有已知性質的特殊情況出發來進行研究。

等效原理要求在涉及伽利略區域時，同樣可以利用非慣性系，即相對於慣性系來說，免不了加速度和轉動的系。如果還要進一步完全避免關於某些坐標系具有優越地位的客觀理由的麻煩問題，則必須容許採用任意運動的坐標系。只要認眞作這方面的嘗試，就會立刻和由狹義相對論所導致的空間與時間的物理解說發生衝突。因爲設有坐標系 K'，其 z' 軸和 K 的 z 軸相重合，並以勻角速度繞 z 軸轉動。相對於 K' 爲靜止的剛體的形狀是否符合歐幾里得幾何學的定律呢？由於 K' 不是慣性系，所以對於 K'，我們並不能直接知道剛體形狀的定律和普遍的自然界定律。可是我們對於慣性系 K 卻知道這些定律，所以還能推斷出它們對於 K' 的形狀。設想在 K' 的 $x'y'$ 平面內以原點爲心作一個圓和這個圓的一條直徑。再設想給了許多彼此相等的剛桿。假設將它們一連串地放在圓周和直徑上，相對於 K' 爲靜止。設 U 是沿圓周的桿子數目，D 是沿直徑的數目，那麼，如果 K' 相對於 K 不作轉動，就會有

$$\frac{U}{D} = \pi$$

但是如果 K' 作轉動，就會得到不同的結果。設在 K 的一個確定時刻 t，測定所有各桿的端點。對於 K，所有圓周上的

桿子有洛倫茲收縮，然而直徑上的桿子（沿著它們的長度！）卻沒有這種收縮。[①]所以推知

$$\frac{U}{D} > \pi$$

　　因此推斷對於 K'，剛體位形的定律並不符合遵守歐幾里得幾何學的剛體位形定律。再進一步，如果有兩只同樣的時計（隨 K' 轉動），一只放在圓周上，另一只放在圓心，則從 K 作判斷，圓周上的時計要比圓心上的時計走得慢些。如果不用一種全然不自然的辦法來對於 K' 下時間的定義（就是說，如此下定義，使得對於 K' 的定律明顯地依賴於時間），則按 K' 判斷，必然發生同樣的事情。所以不能像在狹義相對論裡對於慣性系那樣對於 K' 下空間與時間的定義。但是按照等效原理，可以將 K' 當做靜止的系，對於這個系有引力場（離心力與科里奧利力的場）。因此得到這樣的結果：引力場影響乃至決定時空連續區域的度規定律。如果要將理想剛體的位形定律作幾何表示，則當引力場存在時，幾何學就不是歐幾里得幾何學。

　　我們所考慮的情況類似於曲面的二維描述中存在的情況。在後面這種情況下也不可能在曲面（例如橢球面）上引用具有簡單度規意義的座標，而在平面上，笛卡兒座標 x_1，x_2 直接表示用單位量桿測得的長度。在高斯的曲面論裡，他

―――――――――

① 這些考慮假定了桿子與時計的性質只依賴於速度，而和加速度無關，或至少加速度的影響並不抵擋速度的影響。

引用曲線座標來克服這個困難。這種座標除了滿足連續性條件之外，是完全任意的；只有在後來才將這種座標和曲面的度規性質聯繫起來。我們將以類似的辦法在廣義相對論裡引用任意座標 x_1，x_2，x_3，x_4。這些座標會將各個時空點標以唯一的一組數，使相鄰事件和相鄰的座標值相聯繫；在別的方面，座標是隨意選擇的。如果給予定律以一種形式，使得這些定律在每個這樣的四維坐標系裡都能適用，就是說，如果表示定律的方程對於任意變換是協變的，則我們就在最廣泛的意義上忠實於相對性原理了。

　　高斯的曲面論與廣義相對論間最重要的接觸點就在於度規性質，這些性質是建立兩種理論的概念的主要基礎。在曲面論裡，高斯有如下的論點。無限接近的兩點間的距離 ds 的概念可以作為平面幾何學的基礎。這個距離概念是有物理意義的，因為這個距離可以用剛性量桿直接量度。適當地選擇笛卡兒座標就可用公式 $ds^2 = dx_1^2 + dx_2^2$ 表示這個距離。根據這個量可以得到作為短程線（$\delta \int ds = 0$）的直線、間隔、圓、角等歐幾里得平面幾何學所由建立的這些概念。如果顧到在相對無限小量的程度上，另一連續曲面的一個無限小部分可以當做平面，則在這樣的曲面上可以建立一種幾何學。在曲面的這樣微小的部分上有笛卡兒座標 X_1，X_2，而

$$ds^2 = dX_1^2 + dX_2^2$$

給定兩點間用量桿測定的距離。如果在曲面上引用任意的曲線座標 x_1，x_2，則可用 dx_1、dx_2 線性地表示 dX_1，dX_2。於

是曲面上各處都有

$$ds^2 = g_{11}dx_1^2 + 2g_{12}dx_1dx_2 + g_{22}dx_2^2$$

其中 g_{11}，g_{12}，g_{22} 決定於曲面的性質與座標的選擇；如果知道這些量，就也可以知道怎樣在曲面上布置剛性量桿的網路。換句話說，曲面幾何學可用 ds^2 的這個表示式為基礎，正像平面幾何學以相應的表示式為基礎一樣。

在物理學的四維時空連續區域裡有類似的關係。設觀察者在引力場中自由降落，則他的貼近鄰域裡不存在引力場。因此總能夠將時空連續區域的一個無限小區域當做伽利略區域。對於這樣的無限小區域，會存在一個慣性系（有空間座標 X_1，X_2，X_3 與時間座標 X_4）；相對於這個慣性系，我們認為狹義相對論的定律是有效的。對於兩個鄰近的事件（四維連續區域裡的點），可以用單位量桿與時計直接測定的量

$$dX_1^2 + dX_2^2 + dX_3^2 - dX_4^2$$

或其負值

$$ds^2 = -dX_1^2 - dX_2^2 - dX_3^2 + dX_4^2 \tag{54}$$

便是唯一確定的不變量。在此有一個物理假設是主要的，就是兩根量桿的相對長度和兩只時計的相對快慢在原則上和它們以往的經歷無關。但是這個假設當然肯定是由經驗所保證了的。如果這個假設不成立，就不會有明晰的光譜線；因為同一元素的各個原子當然不會有相同的經歷，並且因為——

根據各個原子因經歷不同而相異的假設——要設想這些原子的質量或原頻率總彼此相等將是荒謬的。

有限範圍的時空區域一般不是伽利略區域,因而在有限區域裡無論怎樣選擇座標都不能除去引力場。所以沒有座標的選擇使狹義相對論的度規關係能在有限區域裡成立。但是對於連續區域的兩個鄰近點(事件),不變量 ds 總是存在的。這個不變量 ds 可以用任意座標表示。如果顧到局部的 dX_v 可以線性地用座標微分 dx_v 表示,ds^2 就可表示成形式

$$ds^2 = g_{\mu v} dx_\mu dx_v \tag{55}$$

對於隨意選擇的坐標系,函數 $g_{\mu v}$ 描述著時空連續區域的度規關係以及引力場。像在狹義相對論裡一樣,應當區別四維連續區域裡的類時線素與類空線素;由於引入了符號的改變,類時線素具有實值的 ds,類空線素具有虛值的 ds。用適當選取的時計能直接量度類時的 ds。

如上所述,規定廣義相對論的表示式顯然需要推廣不變量論與張量理論;提出的問題是什麼形式的方程對於任意的點變換是協變的。數學家遠在相對論之前就已發展了推廣的張量。黎曼首先將高斯的思路擴展到任何維數的連續區域;他預見到歐幾里得幾何學的這種推廣的物理意義。接著,特別是里契與利威 · 契韋塔,以張量的形式在理論上有所發展。在這裡對於這種張量最重要的數學概念與運算作一簡單的陳述,正是適當的地方。

設對於每個坐標系,有四個定義爲 x_v 的函數的量,如

果它們在改變座標時像座標微分 dx_v 一樣作變換，便稱為一個反變向量的分量 A^v。因此有

$$A^{\mu'} = \frac{\partial x'_\mu}{\partial x_v} A^v \tag{56}$$

除了這些反變向量之外，還有協變向量。如果 B_v 是一個協變向量的分量，這類向量就按規則

$$B'_\mu = \frac{\partial x_v}{\partial x'_\mu} B^v \tag{57}$$

變換。協變向量定義的選擇使得協變向量與反變向量合起來按公式

$$\phi = B_v A^v \text{（對 } v \text{ 求和）}$$

形成純量。因為有

$$B'_\mu A^{\mu'} = \frac{\partial x_a}{\partial x'_\mu} \frac{\partial x'_\mu}{\partial x_\beta} B_\alpha A^\beta = B_\alpha A^\alpha$$

舉一個特例，純量 ϕ 的導數 $\dfrac{\partial \phi}{\partial x_a}$ 是協變向量的分量，它們和座標微分一道形成純量 $\dfrac{\partial \phi}{\partial x_a} dx_a$；從這個例子可以看出協變向量的定義多麼自然。

　　還有任何階數的張量，它們對於每個指標可以有協變或反變特性；和向量一樣，這種特性是由指標的位置來指明的。例如 A_μ^v 表示二階張量，它對於指標 μ 是協變的，對於指標 v 是反變的。這樣的張量特性表明變換方程是

$$A_\mu^{v'} = \frac{\partial x_a}{\partial x_\mu'} \frac{\partial x_\mu'}{\partial x_\beta} A_\alpha^\beta \tag{58}$$

階數與特性相同的張量相加減可以形成張量，就像在正交線性代換的不變量理論裡一樣；例如

$$A_\mu^v + B_\mu^v = C_\mu^v \tag{59}$$

C_μ^v 的張量特性可由 (58) 得到證明。

可用乘法形成張量，保持指標的特性，正像在線性正交變換的不變量理論裡一樣；例如

$$A_\mu^v B_{\sigma\tau} = C_{\mu\sigma\tau}^v \tag{60}$$

由變換規則可直接獲得證明。

對於特性不同的兩個指標進行降階，可以形成張量，例如

$$A_{\mu\sigma\tau}^\mu = B_{\sigma\tau} \tag{61}$$

$A_{\mu\sigma\tau}^\mu$ 的張量特性決定了 $B_{\sigma\tau}$ 的張量特性。證明：

$$A_{\mu\sigma\tau}^{\mu'} = \frac{\partial x_a}{\partial x_\mu'} \frac{\partial x_\mu'}{\partial x_\beta} \frac{\partial x_s}{\partial x_\sigma'} \frac{\partial x_t}{\partial x_\tau'} A_{ast}^\beta = \frac{\partial x_s}{\partial x_\sigma'} \frac{\partial x_t}{\partial x_\tau'} A_{ast}^\alpha$$

張量對於兩個特性相同的指標的對稱與反稱性質有著和狹義相對論裡同樣的意義。

到此，關於張量的代數性質的一切基本內容都敘述過了。

基本張量 根據 ds^2 對於 dx_v 的隨意選擇的不變性並聯

繫到符合（55）的對稱條件，可知 $g_{\mu v}$ 是對稱協變張量（基本張量）的分量。形成 $g_{\mu v}$ 的行列式 g；再形成相應於各個 $g_{\mu v}$ 的餘因數，除以 g。以 $g^{\mu v}$ 表示這些餘因數除以 g 所得的商；不過暫且還不知道它們的變換特性。於是有

$$g_{\mu a} g^{\mu \beta} = \delta_{\alpha}^{\beta} = \begin{cases} 1, & \text{如果 } \alpha = \beta \\ 0, & \text{如果 } \alpha \neq \beta \end{cases} \tag{62}$$

如果形成無限小量（協變向量）

$$d\xi_{\mu} = g_{\mu a} dx_{a} \tag{63}$$

乘以 $g^{\mu \beta}$ 並按 μ 求和，利用 (62)，得到

$$dx_{\beta} = g^{\beta \mu} d\xi_{\mu} \tag{64}$$

因為這些 $d\xi_{\mu}$ 之比是任意的，而 dx_{β} 以及 $d\xi_{\mu}$ 都是向量的分量，就推知 $g^{\mu v}$ 是反變張量（反變基本張量）的分量。[2]於是由 (62) 得到 δ_{a}^{β}（混合基本張量）的張量特性。用基本張量以代替具有協變指標特性的張量，就能引入具有反變指標特性的張量，反之亦然。例如

---

[2] 如果將 (64) 乘以 $\dfrac{\partial x_{a}'}{\partial x_{\beta}}$，按 β 求和，並由轉到有撇號坐標系的變換來代替 $d\xi_{\mu}$，便得到

$$dx_{a}' = \frac{\partial x_{\sigma}'}{\partial x_{\mu}} \frac{\partial x_{a}}{\partial x_{\beta}} g^{\mu}\beta d\xi_{a}'$$

由此獲得上面的陳述，因為由 (64)，必須還有 $dx_{a}' = g^{\sigma a'} d\xi_{a}'$，而兩個方程對於 $d\xi_{\sigma}'$ 的每個選擇都必須成立。

$$A^{\mu} = g^{\mu a} A_a$$

$$A_{\mu} = g_{\mu a} A^a$$

$$T^{\sigma}_{\mu} = g^{\sigma v} A_{\mu v}$$

體積不變量　　體積元素

$$\int dx_1 dx_2 dx_3 dx_4 = dx$$

不是不變量。因爲根據雅可比定理，

$$dx' = \left| \frac{dx'_{\mu}}{dx_v} \right| dx \qquad (65)$$

但是能將 dx 加以補充，使它成爲不變量。如果形成量

$$g'_{\mu v} = \frac{\partial x_a}{\partial x'_{\mu}} \frac{\partial x_{\beta}}{\partial x'_v} g a \beta$$

的行列式，兩次應用行列式的乘法定理，便有

$$g' = |g'_{\mu v}| = \left| \frac{\partial x_v}{\partial x'_{\mu}} \right|^2 \cdot |g_{\mu v}| = \left| \frac{\partial x'_{\mu}}{\partial x_v} \right|^{-2} g$$

因爲獲得不變量

$$\sqrt{g'} dx' = \sqrt{g}\, dx \qquad (66)$$

由微分法形成張量　　雖然曾經證明由代數運算形成張量就像在對於線性正交變換的不變性的特殊情況下一樣簡單，可是不幸在普遍的情況下，不變的微分運算卻要複雜得多。其理由如下。設 A^{μ} 是反變向量，只有在變換是線性變換的情況下，它的變換係數 $\dfrac{\partial x'_{\mu}}{\partial x_v}$ 才和位置無關。那麼在鄰

近點的向量分量 $A^\mu + \dfrac{\partial A^\mu}{\partial x_a} dx_a$ 變換得和 A^μ 一樣，從而推斷

出向量微分的向量特性與 $\dfrac{\partial A^\mu}{\partial x_a}$ 的張量特性。但是如果 $\dfrac{\partial x'_\mu}{\partial x_v}$

是變化的，這一論點就不再成立了。

可是透過利威・契韋塔與外爾提出的下述途徑，可以充分滿意地認識到對於張量的不變微分運算在普遍情況下是存在的。設（A^μ）是反變向量，給定它對於坐標系 x_v 的分量。設 P_1 與 P_2 是連續區域內相距無限小的兩點。按照我們考慮問題的途徑，對於圍繞 P_1 的無限小區域，存在有坐標系 X_v（含有虛值的 X_4 坐標）；對於這個坐標系，連續區域是歐幾里得連續區域。設 $A^\mu_{(1)}$ 是向量在 P_1 點的座標。設想採用 X_v 的局部坐標系，在 P_2 點作一具有同樣座標的向量（通過 P_2 的平行向量），則這個平行向量為在 P_1 的向量與位移所唯一決定。這個操作稱為向量（A^μ）從 P_1 到相距無限接近的點 P_2 的平行位移，其唯一性將見諸下文。如果形成在 P_2 點的向量（A^μ）和從 P_1 到 P_2 作平行位移所獲得的向量的向量差，便得到一個向量，這個向量可以當做向量（A^μ）對於既定位移（dx_v）的微分。

自然也能對於坐標系 x_v 來考慮這個向量位移。設 A^v 是向量在 P_1 的座標，$A^v + \delta A^v$ 是向量沿間隔（dx_v）移動到 P_2 的座標，於是在這個情況下，δA^v 便不化為零。對於這些沒有向量特性的量，我們知道它們必定線性且齊性地依賴於 dx_v 與 A^v。因此令

$$\delta A^v = -\Gamma^v_{\alpha\beta} A^\alpha dx_\beta \qquad (67)$$

　　此外，可以說 $\Gamma_{\alpha\beta}^{v}$ 對於指標 α 與 β 必定是對稱的。因為根據借助於歐幾里得局部坐標系的表示，可以假定元素 $d^{(1)}x_{v}$ 沿另一元素 $d^{(2)}x_{v}$ 的位移和 $d^{(2)}x_{v}$ 沿 $d^{(1)}x_{v}$ 的位移會畫出同一平行四邊形。所以必須有

$$d^{(2)}x_{v} + (d^{(1)}x_{v} - \Gamma_{\alpha\beta}^{v} d^{(1)}xad^{(2)}x\beta)$$
$$= d^{(1)}x_{v} + (d^{(2)}x_{v} - \Gamma_{\alpha\beta}^{v} d^{(2)}xad^{(1)}x\beta)$$

互換右邊的求和指標 α 與 β 之後，便由此推得上面所作的陳述。

　　因為 $g_{\mu v}$ 這些量決定連續區域的所有度規性質，所以它們必然也決定著 $\Gamma_{\alpha\beta}^{v}$，如考慮向量 A^{v} 的不變量，即其大小的平方

$$g_{\mu v}A^{\mu}A^{v}$$

它是不變量，則這在平行位移中不能改變。因此有

$$0 = \delta (g_{\mu v}A^{\mu}A^{v}) = \frac{\partial g_{\mu v}}{\partial x_{a}} A^{\mu} A^{v}dx_{a} + g_{\mu v}A^{\mu}\delta A^{v} + g_{\mu v}A^{v}\delta A^{\mu}$$

或，由 (67)，

$$\left(\frac{\partial g\mu_{v}}{\partial x_{a}} - g_{\mu\beta}\Gamma_{va}^{\beta} - g_{v\beta}\Gamma_{va}^{\beta}\right)A^{\mu} A^{v}dx_{a} = 0$$

　　因為括弧裡的式子對於指標 μ 與 v 是對稱的，所以只有當這式子對於指標的所有組合都會化為零時，這個方程對於向量（A^{μ}）與 dx_{v} 的隨意選擇才能成立。於是由指標 μ、v、α 的輪換共獲得三個方程。照顧到 $\Gamma_{\mu v}^{a}$ 的對稱性質，便能從

這些方程得到

$$\begin{bmatrix} \mu\nu \\ \alpha \end{bmatrix} = g_{\alpha\beta}\Gamma_{\mu\nu}^{\beta} \tag{68}$$

其中，依照克里斯托菲，採用了簡寫法

$$\begin{bmatrix} \mu\nu \\ \alpha \end{bmatrix} = \frac{1}{2}\left(\frac{\partial g_{\mu a}}{\partial x_\nu} + \frac{\partial g_{\nu a}}{\partial x_\mu} - \frac{\partial g_{\mu\nu}}{\partial x_a}\right) \tag{69}$$

如果將 (68) 乘以 $g^{a\sigma}$ 再按 α 求和，便有

$$\Gamma_{\mu\nu}^{\sigma} = \frac{1}{2} g^{\sigma a}\left(\frac{\partial g_{\mu a}}{\partial x_\nu} + \frac{\partial g_{\nu a}}{\partial x_\mu} - \frac{\partial g_{\mu\nu}}{\partial x_a}\right) = \begin{Bmatrix} \mu\nu \\ \alpha \end{Bmatrix} \tag{70}$$

其中 $\begin{Bmatrix} \mu\nu \\ \alpha \end{Bmatrix}$ 是第二種克里斯托菲記號。這樣就從 $g_{\mu\nu}$ 導出了量 Γ。方程 (67) 與 (70) 是下面討論的基礎。

張量的協變微分法　設（$A^\mu + \delta A^\mu$）是從 P_1 到 P_2 作無限小位移所獲得的向量，而（$A^\mu + dA^\mu$）是在 P_2 點的向量 A^μ，則兩者之差

$$dA^\mu - \delta A^\mu = \left(\frac{\partial A^\mu}{\partial x_\sigma} + \Gamma_{\sigma\alpha}^\mu A^\alpha\right)dx_\sigma$$

也是向量。因為對於 dx_σ 的隨意選擇都是如此，就推知

$$A_{;\sigma}^\mu = \frac{\partial A^\mu}{\partial x_a} + \Gamma_{\sigma a}^\mu A^\alpha \tag{71}$$

是張量，稱為一階張量（向量）的協變導數。將這個張量降階，就得到反變張量 A^μ 的散度。在這裡必須觀察到：按照 (70)，

$$\Gamma^{\sigma}_{\mu\sigma} = \frac{1}{2} g^{\sigma a} \frac{\partial g_{\sigma a}}{\partial x_{\mu}} = \frac{1}{\sqrt{g}} \frac{\partial \sqrt{g}}{\partial x_{\mu}} \tag{72}$$

如果再令

$$A^{\mu}\sqrt{g} = \mathfrak{A}^{\mu} \tag{73}$$

外爾稱這個量爲一階反變張量密度[3]，則推知

$$\mathfrak{A} = \frac{\partial \mathfrak{A}^{\mu}}{\partial x_{\mu}} \tag{74}$$

是純量密度。

由於規定在實現平行位移時，純量

$$\phi = A^{\mu}B_{\mu}$$

保持不改變，因而對於指定給（A^{μ}）的每個值，

$$A^{\mu}\delta B_{\mu} + B_{\mu}\delta A^{\mu}$$

總是化爲零，就得到關於協變向量 B_{μ} 的平行位移的定律。於是有

$$\delta B_{\mu} = \Gamma^{a}_{\mu\sigma}A_{a}dx_{a} \tag{75}$$

按照引到 (71) 的同樣程式，便由此獲得協變向量的協

---

[3] 由於 $A^{\mu}\sqrt{g}\,dx = \mathfrak{A}^{\mu}dx$ 有張量特性，因此這樣的稱謂是合理的：每個張量，乘以 $\sqrt{g}$ 之後，就變爲張量密度。我們用大寫哥德體字母表示張量密度。

變導數

$$B_{\mu;\sigma} = \frac{\partial B_\mu}{\partial x_\sigma} - \Gamma^\alpha_{\mu\alpha} B_\alpha \tag{76}$$

互換指標 μ 與 σ，相減，便得到反稱張量

$$\phi_{\mu\sigma} = \frac{\partial B_\mu}{\partial x_\sigma} - \frac{\partial B_\sigma}{\partial x_\mu} \tag{77}$$

　　對於二階與高階張量的協變微分法，可以使用推求 (75) 的程式。例如，設（$A_{\sigma\tau}$）為二階協變張量。如果 E 與 F 是向量，則 $A_{\sigma\tau}E^\sigma F^\tau$ 是純量。通過 δ 位移，這個式子必然不改變；將此表示成公式，應用 (67)，便求得 $\delta A_{\sigma\tau}$，由此得到所需的協變導數

$$A_{\sigma\tau;\rho} = \frac{\partial A_{\sigma\tau}}{\partial x_\rho} - \Gamma^\alpha_{\sigma\rho} A_{\sigma\tau} - \Gamma^\alpha_{\tau\rho} A_{\sigma\alpha} \tag{78}$$

　　為了能夠清晰地看到張量的協變微分法的普遍規律，現在寫出用類似方法推得的兩個協變導數：

$$A^\tau_{\sigma;\rho} = \frac{\partial A^\tau_\sigma}{\partial x_\rho} - \Gamma^\alpha_{\sigma\rho} A^\tau_\alpha + \Gamma^\tau_{\alpha\rho} A^\alpha_\sigma \tag{79}$$

$$A^{\sigma\tau}_{;\rho} = \frac{\partial A^{\sigma\tau}}{\partial x_\rho} + \Gamma^\sigma_{\alpha\rho} A^{\alpha\tau} + \Gamma^\tau_{\alpha\rho} A^{\sigma\alpha} \tag{80}$$

於是形成的普遍規律就很明顯了。現在要從這些公式推導另一些對於理論的物理應用有關係的公式。

　　在 $A_{\sigma\tau}$ 是反稱張量的情況下，用輪換與加法，得到張量

$$A_{\sigma\tau\rho} = \frac{\partial A_{\sigma\tau}}{\partial x_\rho} + \frac{\partial A_{\tau\rho}}{\partial x_a} + \frac{\partial A_{\rho\sigma}}{\partial x_\tau} \tag{81}$$

它對於每對指標都是反稱的。

　　如果在 (78) 裡以基本張量 $g_{\sigma\tau}$ 代替 $A_{\sigma\tau}$，則右邊恆等於零；關於 $g^{\sigma\tau}$，類似的陳述對於 (80) 也成立；就是說，基本張量的協變導數化爲零。在局部坐標系裡可以直接看到這是必須如此的。

　　設 $A^{\sigma\tau}$ 是反稱的，由 (80)，按 τ 與 ρ 降階，就得到

$$\mathfrak{A}^{\sigma} = \frac{\partial \mathfrak{A}^{\sigma\tau}}{\partial x_{\tau}} \tag{82}$$

在普遍的情況下，由 (79) 與 (80)，按 τ 與 ρ 降階，便有方程

$$\mathfrak{A}_{\sigma} = \frac{\partial \mathfrak{A}_{\sigma}^{\alpha}}{\partial x_{\alpha}} - \Gamma_{\sigma\beta}^{\alpha} \mathfrak{A}_{\alpha}^{\beta} \tag{83}$$

$$\mathfrak{A}^{\sigma} = \frac{\partial \mathfrak{A}^{\sigma\alpha}}{\partial x_{\alpha}} + \Gamma_{\alpha\beta}^{\sigma} \mathfrak{A}^{\alpha\beta} \tag{84}$$

　　黎曼張量　　如果給定一條由連續區域的 P 點伸達 G 點的曲線，則通過平行位移，可將給定在 P 的向量 A^{μ} 沿曲線移動到 G（圖 4）。如果是歐幾里得連續區域（更普遍地說，如果通過座標的適當選擇，$g_{\mu\nu}$ 都是恆量），則作爲位移結果而在 G 所得的向量和連接 P 與 G 的曲線選擇無關。否則，其結果將有賴於位移的途徑。所以在這種情況下，當向量由閉合曲線的 P 點沿曲線移動而返

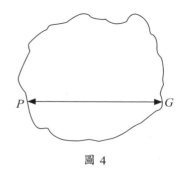

圖 4

抵 P 時，會有變化（在它的方向上而不是大小上）ΔA^{μ}，現在計算這個向量變化：

$$\Delta A^{\mu} = \oint \delta A^{\mu}$$

就像在關於向量環繞閉合曲線的線積分的斯托克斯定理裡一樣，這個問題可以化作環繞線度為無限小的閉合曲線的積分法；我們將局限於這個情況。

首先由 (67)，有

$$\Delta A^{\mu} = - \oint \Gamma^{\mu}_{\alpha\beta} A^{a} dx_{\beta}$$

在此，$\Gamma^{\mu}_{\alpha\beta}$ 是這個量在積分途徑上變動點 G 的值。如果令

$$\xi^{\mu} = (x_{\mu})_{G} - (x_{\mu})_{p}$$

並以 $\overline{\Gamma^{\mu}_{\alpha\beta}}$ 表示 $\Gamma^{\mu}_{\alpha\beta}$ 在 P 的值，則足夠精確地，有

$$\Gamma^{\mu}_{\alpha\beta} = \overline{\Gamma^{\mu}_{\alpha\beta}} + \frac{\partial \overline{\Gamma^{\mu}_{\alpha\beta}}}{\partial x_{\nu}} \xi^{\nu}$$

再設 A^{a} 為由 $\overline{A^{a}}$ 通過沿曲線從 P 到 G 的平行位移而獲得的值。現在利用 (67)，容易證明 $A^{\mu} - \overline{A^{\mu}}$ 是一階無限小量，而對於具有一階無限小線度的曲線，ΔA^{μ} 是二階無限小量。因此倘若令

$$A^{a} = \overline{A^{a}} - \overline{\Gamma^{\alpha}_{\sigma\tau}} \, \overline{A^{\sigma}} \, \overline{\xi^{\tau}}$$

只會有二階的誤差。

如果將 $\overline{\Gamma^{\mu}_{\alpha\beta}}$ 與 A^{a} 的這些值引入積分，不計所有高於二

階的量，就得到

$$\Delta A^\mu = -\left(\frac{\partial \Gamma^\mu_{\sigma\beta}}{\partial x_a} - \Gamma^\mu_{\rho\beta}\Gamma^\rho_{\sigma a}\right)A^\sigma \oint \zeta^a d\zeta^\beta \qquad (85)$$

由積分號下移出來的是關於 P 的量。從被積函數裡減去 $\frac{1}{2}d(\zeta^a\zeta^\beta)$，便有

$$\frac{1}{2}\oint \ (\zeta^a d\zeta^\beta - \zeta^\beta d\zeta^a)$$

這個二階反稱張量 $f^{\alpha\beta}$ 表示曲線所圍繞的面元素在大小與位置上的特性。如果 (85) 的括弧裡的式子對於指標 α 與 β 是反稱的，便可由 (85) 判斷它的張量特性。通過互換 (85) 裡的求和指標 α 與 β，並將獲得的方程與 (85) 相加，就能達成這個目的。我們求得

$$2\Delta A^\mu = -R^\mu_{\sigma\alpha\beta}A^\sigma f^{\alpha\beta} \qquad (86)$$

其中

$$R^\mu_{\sigma\alpha\beta} = -\frac{\partial \Gamma^\mu_{\sigma\alpha}}{\partial x_\beta} + \frac{\partial \Gamma^\mu_{\sigma\beta}}{\partial x_\alpha} + \Gamma^\mu_{\rho\alpha}\Gamma^\rho_{\alpha\beta} - \Gamma^\mu_{\rho\beta}\Gamma^\rho_{\sigma\alpha} \qquad (87)$$

由 (86) 推知 $R^\mu_{\sigma\alpha\beta}$ 的張量特性；這是四階黎曼曲率張量，我們不需研究其對稱性質。它等於零是連續區域爲歐幾里得連續區域的充分條件（不管所取座標的實性）。

將這個黎曼張量按指標 μ、β 降階，就得到二階對稱張量

$$R_{\mu\nu} = -\frac{\partial \Gamma^\alpha_{\mu\nu}}{\partial x_a} + \Gamma^\alpha_{\mu\beta}\Gamma^\beta_{\nu a} + \frac{\partial \Gamma^a_{\mu a}}{\partial x_\nu} - \Gamma^a_{\mu\nu}\Gamma^\beta_{\alpha\beta} \qquad (88)$$

如果選擇坐標系使 g = 恆量，則最後兩項化爲零。由 $R_{\mu v}$ 可形成純量

$$R = g^{\mu v} R_{\mu v} \tag{89}$$

最直（短程）線　可作一曲線，作法是從各元素按平行位移作出其相繼的元素。這是歐幾里得幾何學裡直線的自然推廣。對於這樣的曲線，有

$$\delta \left(\frac{dx_{\mu}}{ds} \right) = -\Gamma^{\mu}_{\alpha\beta} \frac{dx_a}{ds} dx_{\beta}$$

應以 $\dfrac{d^2 x_{\mu}}{ds^2}$ 代替左邊[④]，便得

$$\frac{d^2 x_{\mu}}{ds^2} + \Gamma^{\mu}_{\alpha\beta} \frac{dx_a}{ds} \frac{dx_{\beta}}{ds} = 0 \tag{90}$$

如果尋求能使積分

$$\int ds \ \text{或} \int \sqrt{g_{\mu v} dx_{\mu} dx_{v}}$$

在兩點間具有逗留值的曲線（短程線），就會獲得同一曲線。

---

④ 通過沿線素（ dx_{β} ）的平行位移，便從所考慮的每一點的方向向量而求得曲線上一個鄰近點的方向向量。

愛因斯坦14歲時在相館拍攝的照片，1893年。

第四章

廣義相對論（續）

　　愛因斯坦的廣義相對論運用了大量的黎曼幾何、張量計算、絕對微分等艱深的數學知識，充滿了深邃的哲學思辨，包含著嶄新的物理內容。對於愛因斯坦同時代的人來說，具有這些知識的人寥寥無幾。但是，廣義相對論的預言不久得到了實驗驗證，所以還是引起了相當大的轟動。

69-73 Fifty-eighth avenue,
Maspeth, L.I.,
New York City, N.Y., USA

Professor Einstein,
c/o Commander Oliver Locker-Lampson,
4 North Street, Westminster,
London, S.W.1, England.

Dear Professor,

I am sorry I cannot express this well enough in German.

I understand the world moves so fast it, in effect, stands still, or so it appears to us. Part of the time it seems a person is standing right side up, part of the time on the lower side he is standing on his head, upheld by the force of gravity, and part of the time he is sticking out on the earth at right angles and part of the time at left angles.

Would it be reasonable to assume that it is while a person is standing on his head - or rather upside down - he falls in love and does other foolish things?

Yours truly,

Frank Wall

對愛因斯坦引力理論的一個非同尋常的見解。來自弗蘭克·沃爾的信，其中可見 1933 年愛因斯坦起草的回覆。

　　現在對於廣義相對論的定律，已經有了確定表示式所必須的數學工具。在這裡的陳述中不打算追求有系統的完整性，但是，將從已有知識與已獲得的結果來逐步發展出單獨的結果和可能性。這樣的陳述最適合我們的知識在目前的暫時狀況。

　　按照慣性原理，不受力作用的質點沿直線作等速運動。在狹義相對論的四維連續區域裡（含有實值的時間座標），這是一條真實的直線。在不變量的普適（黎曼幾何）理論的概念體系中，直線的自然的也就是最簡單的推廣意義，就是最直的線或最短程線的概念。因此，就等效原則的意義而論，需要假定：只在慣性與引力的作用下，質點的運動是以方程

$$\frac{d^2x_\mu}{ds^2} + \Gamma^\mu_{\alpha\beta}\frac{dx_\alpha}{ds}\frac{dx_\beta}{ds} = 0 \tag{90}$$

描述的。事實上，如果引力場的所有分量 $\Gamma^\mu_{\alpha\beta}$ 化為零，這個方程便化作了直線方程。

　　這些方程是如何和牛頓運動方程聯繫的呢？按照狹義相對論，對於慣性系（含有實值的時間座標並適當選擇 ds^2 的符號），$g_{\mu\nu}$ 與 $g^{\mu\nu}$ 同樣具有下列的值：

$$\left.\begin{array}{cccc} -1 & 0 & 0 & 0 \\ 0 & -1 & 0 & 0 \\ 0 & 0 & -1 & 0 \\ 0 & 0 & 0 & 1 \end{array}\right\} \tag{91}$$

於是運動方程成了

$$\frac{d^2x_\mu}{ds^2} = 0$$

我們將稱此爲 $g_{\mu\nu}$ 場的「一級近似值」。像在狹義相對論裡一樣，考慮近似法時採用虛值的 x_4 座標往往是有益的，因爲這樣做時，在一級近似上，$g_{\mu\nu}$ 取下列的值：

$$\left.\begin{array}{cccc} -1 & 0 & 0 & 0 \\ 0 & -1 & 0 & 0 \\ 0 & 0 & -1 & 0 \\ 0 & 0 & 0 & -1 \end{array}\right\} \tag{91a}$$

這些值可以合寫成關係式

$$g_{\mu\nu} = -\delta_{\mu\nu}$$

然後爲了達到二級近似，必須令

$$g_{\mu\nu} = -\delta_{\mu\nu} + \gamma_{\mu\nu} \tag{92}$$

其中的 $\gamma_{\mu\nu}$ 應看做一階微量。

於是運動方程的兩項便都是一階微量。如果不計相對於它們是一階微小的各項，就須令

$$ds^2 = -dx_\nu^2 = dl^2(1-q)^2 \tag{93}$$

$$\Gamma_{\alpha\beta}^\mu = -\delta_{\mu\sigma}\begin{bmatrix} \alpha\beta \\ \sigma \end{bmatrix} = -\begin{bmatrix} \alpha\beta \\ \sigma \end{bmatrix} = \frac{1}{2}\left(\frac{\partial\gamma_{\alpha\beta}}{\partial x_\mu} - \frac{\partial\gamma_{\alpha\mu}}{\partial x_\beta} - \frac{\partial\gamma_{\beta\mu}}{\partial x_\alpha}\right) \tag{94}$$

現在要引入第二種近似法。設質點的速度和光速相比是很微小的。那麼 ds 就會和時間微分 dl 相同。其次，和 $\frac{dx_4}{ds}$ 相比

較，$\dfrac{dx_1}{ds}$、$\dfrac{dx_2}{ds}$、$\dfrac{dx_3}{ds}$ 化爲零。此外，要假定引力場隨時間變化得很緩慢。以致 $\gamma_{\mu\nu}$ 對於 x_4 的導數可以不計。於是運動方程（對於 $\mu = 1$、2、3）化成了

$$\frac{d^2 x_\mu}{dl^2} = \frac{\partial}{\partial x_\mu}\left(\frac{\gamma_{44}}{2}\right) \tag{90a}$$

如果將 $\left(\dfrac{\gamma_{44}}{2}\right)$ 和引力場的勢等同起來，這個方程和質點在引力場裡的牛頓運動方程就相等；這樣是否容許，自然依賴於引力的場方程，就是說，要看這個量，按一級近似程度，是否像牛頓理論中的引力勢一樣，滿足同樣的場的定律。看一下 (90) 與 (90a) 就表明 $\Gamma^{\tau}_{\beta\alpha}$ 實際上起著引力場強度的作用。這些量沒有張量特性。

方程 (90) 表示慣性與引力在質點上的影響。(90) 的整個左邊具有張量特性（對於任何座標變換），但是這兩項單獨分開來卻都沒有張量特性；這個事實從形式上表示慣性與引力的統一。類似於牛頓方程，第一項要當做慣性的表示式，第二項當做引力的表示式。

其次，需試圖尋求引力場的定律。爲了這個目的，應將牛頓理論的帕松方程

$$\Delta\phi = 4\pi K_\rho$$

當做範例。這個方程是以有質物質的密度 ρ 引起引力場的觀念爲基礎的。在廣義相對論裡也必須如此。然而狹義相對論的研究曾經指出需以單位體積的能量的張量代替物質的純量

密度。前者不僅包含有質物質的能張量，還要包含電磁能張量。現在我們已經看到：在更完整的分析裡，以能張量表示物質只能當做是權宜之計。實際上物質是帶電粒子組成的，其本身需當做電磁場的一部分，而事實上是主要部分。只是由於我們對於集中電荷的電磁場缺乏足夠知識的情況，迫使我們在介紹理論時暫不決定這個張量的真實形式。根據這個觀點，在目前適宜於引入還不知道結構的二階張量 $T_{\mu\nu}$，讓它暫且將電磁場的和有質物質的能量密度聯合起來。以後將稱這個張量為「物質能張量」。

按照以前的結果，動量與能量的原理是用這個張量的散度等於零的陳述 (47c) 來表示。在廣義相對論裡，將不得不假定相應的普遍協變方程是有效的。如果（$T_{\mu\nu}$）表示協變的物質能張量，$\mathfrak{T}_\sigma^\nu$ 表示相應的混合張量密度。則按照 (83)，必須要求滿足

$$0 = \frac{\partial \mathfrak{T}_\sigma^\alpha}{\partial x_\alpha} - \Gamma_{\sigma\beta}^\alpha \mathfrak{T}_\alpha^\beta \tag{95}$$

必須記住：除了物質能量密度外，還必須給定引力場的能量密度，這樣就不能單獨論及物質的動量與能量的守恆原理。這一點以 (95) 裡第二項的出現作為數學上的表示，這使得判斷形式為 (49) 的積分方程的存在成為不可能。引力場將能量與動量轉移給「物質」，意思是說場施力於「物質」上並給它能量；這是以 (95) 裡的第二項來表示的。

如果在廣義相對論裡有類似於帕松方程的方程，則它一定是關於引力勢的張量 $g_{\mu\nu}$ 的張量方程；物質能張量必然會

出現在這個方程的右邊。在方程的左邊必定有一個由 $g_{\mu\nu}$ 表出的微分張量。需要尋求這個微分張量。它完全為下列三個條件所決定：

1. 它不可能包含 $g_{\mu\nu}$ 的高於二階的微分係數。
2. 它必須對於這些二階微分係數是線性的。
3. 其散度必須恆等於零。

前兩個條件自然是從泊松方程得來的。因為可以從數學上證明：由黎曼張量，通過代數途徑（即不用微分法），就能形成所有這樣的微分張量，所以我們的張量必然具有形式

$$R_{\mu\nu} + ag_{\mu\nu}R$$

其中 $R_{\mu\nu}$ 與 R 分別按 (88) 與 (89) 下定義。此外，可以證明第三個條件要求 a 的值為 $-1/2$。因此關於引力場的定律，得到方程

$$R_{\mu\nu} - \frac{1}{2}g_{\mu\nu}R = -\kappa T_{\mu\nu} \tag{96}$$

方程 (95) 是這個方程的一個推論。κ 表示一個恆量，它是和牛頓引力恆量有關聯的。

下面要盡可能少用較複雜的數學方法，指出理論的一些從物理學觀點看來是值得注意的要點。首先必須證明左邊的散度實際上等於零。由 (83)，物質的能量原理可以表示成

$$0 = \frac{\partial \mathfrak{T}_\sigma^a}{\partial x_a} - \Gamma_{\alpha\beta}^a \mathfrak{T}_\alpha^\beta \tag{97}$$

其中

$$\mathfrak{T}_\sigma^\alpha = T_{\sigma\tau} g^{\tau\alpha} \sqrt{-g}$$

將類似的運算用之於 (96) 的左邊就會導致恆等式。

在包圍每個世界點的區域裡有著這樣的坐標系，對於它們，選用虛值的 x_4 座標，則在既定點有

$$g_{\mu\nu} = g^{\mu\nu} = -\delta_{\mu\nu} \begin{cases} = -1 \text{，如果 } \mu = \nu \\ = 0 \text{，如果 } \mu \neq \nu \end{cases}$$

而且對於它們，$g_{\mu\nu}$ 與 $g^{\mu\nu}$ 的一階導數都化為零。現在來證明左邊的散度在這點等於零。各分量 $\Gamma_{\alpha\beta}^\alpha$ 在這點等於零，因而需要證明的只是

$$\frac{\partial}{\partial x_\sigma} \left[\sqrt{-g} g^{\nu\sigma} \left(R_{\mu\nu} - \frac{1}{2} g_{\mu\nu} R \right) \right]$$

等於零。將 (88) 與 (70) 引入這個式子，便看出留存的只是含有 $g_{\mu\nu}$ 的三階導數的各項。因為 $g_{\mu\nu}$ 還應換成 $-\delta_{\mu\nu}$，最後只剩下少數幾項，容易看出它們會互相抵消。由於我們所形成的量具有張量特性，因此就證明了它對於每個其他的坐標系，並且自然對於每個其他的四維點，也是等於零的。這樣物質的能量原理 (97) 是場方程的數學推論。

為了要知道方程 (96) 是否和經驗一致，首先必須弄清楚這樣的方程，作為一級近似，是否會引致牛頓理論。為此須將各種近似引用在這些方程裡。我們已經知道：在某種近似程度下，歐幾里得幾何學與光速恆定律在很大範圍的區域裡——如行星系裡——是有效的。如果像在狹義相對論裡那

樣，取虛值的第四座標，這就意味著需令

$$g_{\mu\nu} = -\delta_{\mu\nu} + \gamma_{\mu\nu} \tag{98}$$

其中的 $\gamma_{\mu\nu}$ 和 1 比較是微小的，以致可以不計 $\gamma_{\mu\nu}$ 的高次冪及其導數。如果這樣做，我們就一點也不能探知引力場的結構或宇宙範圍的度規空間的結構，然而卻能獲知鄰近質量對於物理現象的影響。

在貫徹這種近似計算之前，先變換 (96)。將 (96) 乘以 $g^{\mu\nu}$，按 μ 與 ν 求和；注意由 $g^{\mu\nu}$ 的定義而得的關係式

$$g_{\mu\nu}g^{\mu\nu} = 4$$

便獲得方程

$$R = \kappa g^{\mu\nu}T_{\mu\nu} = \kappa T$$

如果將 R 的這個值代入 (96)，就有

$$R_{\mu\nu} = -\kappa\left(T_{\mu\nu} - \frac{1}{2}g_{\mu\nu}T\right) = -\kappa T_{\mu\nu}^* \tag{96a}$$

作上述的近似計算，左邊便成了

$$-\frac{1}{2}\left(\frac{\partial^2\gamma_{\mu\nu}}{\partial x_\alpha^2} + \frac{\partial^2\gamma_{\alpha\alpha}}{\partial x_\mu \partial x_\nu} - \frac{\partial^2\gamma_{\mu\alpha}}{\partial x_\nu \partial x_\alpha} - \frac{\partial^2\gamma_{\nu\alpha}}{\partial x_\mu \partial x_\alpha}\right)$$

或

$$-\frac{1}{2}\frac{\partial^2\gamma_{\mu\nu}}{\partial x_\alpha^2} + \frac{1}{2}\frac{\partial}{\partial x_\nu}\left(\frac{\partial\gamma_{\mu\alpha}}{\partial x_\alpha}\right) + \frac{1}{2}\frac{\partial}{\partial x_\mu}\left(\frac{\partial\gamma_{\nu\alpha}}{\partial x_\alpha}\right)$$

其中曾令

$$\gamma'_{\mu\nu} = \gamma_{\mu\nu} - \frac{1}{2} \gamma_{\sigma\sigma} \delta_{\mu\nu} \tag{99}$$

現在必須注意方程 (96) 對於任何坐標系都是有效的。我們曾經選用特定的坐標系，使得 $g_{\mu\nu}$ 在所考慮的區域裡和恆值 $-\delta_{\mu\nu}$ 只有無限小的差別。然而這個條件對於座標的任何無限小的變化仍繼續滿足，因而 $\gamma_{\mu\nu}$ 還可以受到四個條件的制約，只要這些條件和關於 $\gamma_{\mu\nu}$ 的數量級的條件不相衝突。現在假定選擇坐標系時，使得四個關係式

$$0 = \frac{\partial \gamma'_{\mu\nu}}{\partial x_\nu} = \frac{\partial \gamma_{\mu\nu}}{\partial x_\nu} - \frac{1}{2} \frac{\partial \gamma_{\sigma\sigma}}{\partial x_\mu} \tag{100}$$

得到滿足。於是 (96a) 取得形式

$$\frac{\partial^2 \gamma_{\mu\nu}}{\partial x_\alpha^2} = 2\kappa T^*_{\mu\nu} \tag{96b}$$

用電動力學裡常見的推遲勢的方法可以解這些方程；用容易理解的寫法表示，有

$$\gamma_{\mu\nu} = -\frac{\kappa}{2\pi} \int \frac{T^*_{\mu\nu}(x_0, y_0, z_0, t-r)}{r} dV_0 \tag{101}$$

為了看出這個理論在什麼意義上包括牛頓理論，必須更詳細地考慮物質能張量。從唯象觀點考慮，這個能張量是由電磁場的和較狹義的物質的能張量組成的。如果按數量級來考慮這個能張量的不同部分，則根據狹義相對論的結果推知，和有質物的貢獻相比較，電磁場的貢獻實際上等於零。

用我們的單位制，一克物質的能量等於 1；和它相比較，電
場的能量可以不計，還有物質形變的能量乃至化學能量也是
如此。如果令

$$
\left.
\begin{aligned}
T_{\mu v} &= \sigma \frac{dx_\mu}{ds} \frac{dx_v}{ds} \\
ds^2 &= g_{\mu v} dx_\mu dx_v
\end{aligned}
\right\}
\tag{102}
$$

就會達到充分滿足我們要求的近似程度。這裡的 σ 是靜密
度，就是參照隨物質運動的伽利略坐標系，借助於單位量桿
所測定的在通常意義下有質物質的密度。

此外，有見於在所選擇的坐標系裡，如果以 $-\delta_{\mu v}$ 代替
$g_{\mu v}$，便只會造成相對地微小的誤差；所以可令

$$
ds^2 = -\Sigma dx_\mu^2
\tag{102a}
$$

無論產生場的質量相對於所選擇的准伽利略坐標系的運
動怎樣地快，前面的推演總是有效的。但是天文學裡，我們
須處理這樣的質量，它們相對於所用坐標系的速度總是遠小
於光速，用我們選取的時間單位，就是遠小於 1。因此如果
在 (101) 裡將推遲勢換成通常的（非推遲的）勢，並且對於
產生場的質量，令

$$
\frac{dx_1}{ds} = \frac{dx_2}{ds} = \frac{dx_3}{ds} = 0 \ , \ \frac{dx_4}{ds} = \frac{\sqrt{-1}\,dl}{dl} = \sqrt{-1}
\tag{103a}
$$

就會達到幾乎滿足所有實際要求的近似程度。於是 $T^{\mu v}$ 與 $T_{\mu v}$
的值成了

$$\left.\begin{array}{cccc} 0 & 0 & 0 & 0 \\ 0 & 0 & 0 & 0 \\ 0 & 0 & 0 & 0 \\ 0 & 0 & 0 & -\sigma \end{array}\right\} \tag{104}$$

T 的值成了 σ，而最後 $T_{\mu\nu}^*$ 的值便成了

$$\left.\begin{array}{cccc} \dfrac{\sigma}{2} & 0 & 0 & 0 \\ & \dfrac{\sigma}{2} & 0 & 0 \\ 0 & \dfrac{\sigma}{2} & \dfrac{\sigma}{2} & 0 \\ 0 & 0 & \dfrac{\sigma}{2} & \\ 0 & 0 & 0 & -\dfrac{\sigma}{2} \end{array}\right\} \tag{104a}$$

這樣由 (101) 得到

$$\left.\begin{array}{c} \gamma_{11} = \gamma_{22} = \gamma_{33} = -\dfrac{\kappa}{4\pi} \displaystyle\int \dfrac{\sigma dV_0}{r} \\ \gamma_{44} = +\dfrac{\kappa}{4\pi} \displaystyle\int \dfrac{\sigma dV_0}{r} \end{array}\right\} \tag{101a}$$

而所有其他的 $\gamma_{\mu\nu}$ 則等於零。這些方程的最後一條和方程 (90a) 聯繫起來便包括了牛頓的引力理論。如果將 l 換成 ct，就得到

$$\dfrac{d^2 x_\mu}{dt^2} = \dfrac{\kappa c^2}{8\pi} \dfrac{\partial}{\partial x_\mu} \int \dfrac{\sigma dV_0}{r} \tag{90b}$$

我們看到牛頓的引力恆量 K 以關係式

$$K = \dfrac{\kappa c^2}{8\pi} \tag{105}$$

和我們的場方程裡的恆量 κ 相聯繫。所以由 K 的已知數值，

獲知

$$\kappa = \frac{8\pi K}{c^2} = \frac{8\pi \cdot 6.67 \cdot 10^{-8}}{9 \cdot 10^{20}} = 1.86 \cdot 10^{-27} \qquad (105a)$$

從 (101) 看到：即使在一級近似裡，引力場的結構和符合牛頓理論的引力場結構就有根本性的區別；這個區別在於引力勢具有張量的特性而無純量的特性。過去沒有認識到這一點，因為在一級近似上，只有分量 g_{44} 進入到質點的運動方程裡。

　　現在為了能夠從我們的結果推斷量桿與時計的性質，必須注意下述情形。按照等效原理，相對於範圍無限小並在適當運動狀態下（自由降落，且無轉動）的笛卡兒參照系，歐幾里得幾何學的度規關係是成立的。在相對於這些系只有微小加速度的局部坐標系裡，因而也在相對於所選的系為靜止的坐標系裡，我們都能作同樣的陳述。在這樣的局部系裡，對於兩個鄰近的點事件，有

$$ds = -dX_1^2 - dX_2^2 - dX_3^2 + dT^2 = -dS^2 + dT^2$$

其中 dS 與 dT 是分別用相對於系為靜止的量桿與時計直接測定的；這些就是自然測定的長度與時間。另一方面，因為我們知道用有限區域裡所用的坐標 x_v 表示，ds^2 的形式是

$$ds^2 = g_{\mu v} dx_\mu dx_v$$

所以一方面是自然測定的長度與時間，另一方面是相應的座標差，我們就有可能得到兩者之間的關係。由於空間與時間

的劃分對於兩個坐標系是相符的，因此使 ds^2 的兩種表示式相等便獲得兩個關係式。如果根據 (101a)，令

$$ds^2 = -\left(1 + \frac{\kappa}{4\pi}\int\frac{\sigma dV_0}{r}\right)(dx_1^2 + dx_2^2 + dx_3^2) + \left(1 + \frac{\kappa}{4\pi}\int\frac{\sigma dV_0}{r}\right)dl^2$$

就足夠近似地有

$$\left.\begin{array}{l}\sqrt{dX_1^2 + dX_2^2 + dX_3^2} = \left(1 + \frac{\kappa}{8\pi}\int\frac{\sigma dV_0}{r}\right)\sqrt{dx_1^2 + dx_2^2 + dx_3^2} \\ dT = \left(1 - \frac{\kappa}{8\pi}\int\frac{\sigma dV_0}{r}\right)dl\end{array}\right\}$$

$$(106)$$

所以對於所選擇的坐標系，單位量桿有座標長度

$$1 - \frac{\kappa}{8\pi}\int\frac{\sigma dV_0}{r}$$

我們所選擇的特殊坐標系保證這個長度只依賴於地點，而和方向無關。如果選擇不同的坐標系，這就不會如此。可是不論怎樣選擇坐標系，剛性量桿的位形的定律總是和歐幾里得幾何學的定律不符的；換句話說，我們選擇任何坐標系，都不能使相當於單位量桿端點的座標差 Δx_1，Δx_2，Δx_3，按任何方向放置，總滿足關係式 $\Delta x_1^2 + \Delta x_2^2 + \Delta x_3^2 = 1$。在這個意義下，空間不是歐幾里得空間，而是「彎曲的」。根據上面第二個關係式，單位時計兩次擺動間的間隔（$dT = 1$），以我們坐標系裡所用的單位表示，就相當於「時間」

$$1 + \frac{\kappa}{8\pi}\int\frac{\sigma dV_0}{r}$$

　　照此說來，時計鄰近的有質物質的質量愈大，它就走得愈慢。因此斷定太陽表面上產生的光譜線，和地球上產生的相應光譜線相比較，大約要向紅端移動其波長的 $2 \cdot 10^{-6}$。起初，理論的這個重要推論好像和實驗不合；但是我們從過去幾年所獲得的結果看來，愈加相信這個效應的存在是可能的，很難懷疑理論的這個推論將在今後幾年裡得到證實。

　　理論的另一個可用實驗檢驗的重要推論是和光線路徑有關的。在廣義相對論裡，相對於局部慣性系的光速也是到處相同。採用時間的自然量度，這個速度是 1。因此按照廣義相對論，在通用坐標系裡，光的傳播定律的特性應以方程

$$ds^2 = 0$$

表示。在我們使用的近似程度下，在所選擇的坐標系裡，按照 (106)，可由方程

$$\left(1 + \frac{\kappa}{4\pi} \int \frac{\sigma dV_0}{r}\right)(dx_1^2 + dx_2^2 + dx_3^2) = \left(1 - \frac{\kappa}{4\pi} \int \frac{\sigma dV_0}{r}\right)dl^2$$

表示光速的特性。所以在我們的坐標系裡，光速 L 是以

$$\frac{\sqrt{dx_1^2 + dx_2^2 + dx_3^2}}{dl} = 1 - \frac{\kappa}{4\pi} \int \frac{\sigma dV_0}{r} \tag{107}$$

表示的。因而從此可作出光線經過巨大質量近旁時將有偏轉的結論。如果設想太陽的質量 M 集中於坐標系的原點，則在 $x_1 - x_3$ 平面裡和原點相距 Δ 並平行於 x_3 軸行進的光線將向太陽偏轉，偏轉總值為

$$\alpha = \int_{-\infty}^{+\infty} \frac{1}{L} \frac{\partial L}{\partial x_1} dx_3$$

進行積分,得

$$\alpha = \frac{\kappa M}{2\pi \Delta} \tag{108}$$

Δ 等於太陽半徑時,偏轉是 1.7"。1919 年英國日食觀測隊非常準確地證實了這個偏轉的存在,並對於 1922 年的日食,為獲得更準確的觀測資料作了極審慎的準備。應注意,這個理論的結果也不受坐標系隨意選擇的影響。

在這裡應提到理論的第三個可由觀測檢驗的推論,即有關水星近日點運動的推論。對於行星軌道的長期變化了解得很準確,因而我們所用的近似程度對於理論與觀測的比較就不夠了。需要回到普遍的場方程 (96)。我解決這個問題時用了逐步求近法。可是從那時起,許瓦茲喜德與其他學者已經完全解決了中心對稱靜態引力場的問題;H. 外爾在他的《空間、時間、物質》一書中所作的推演是特別優美的。如果不直接回到方程 (96) 而使計算基於和這個方程等效的一種變分原理,則計算可以略加簡化。我將只按了解方法所必須的要求略示其程式。

在靜場的情況下,ds^2 必定有形式

$$\left.\begin{array}{l} ds^2 = -d\sigma^2 + f^2 dx_4^2 \\ d\sigma^2 = \sum_{1-3} \gamma_{\alpha\beta} dx_\alpha dx_\beta \end{array}\right\} \tag{109}$$

其中後一條方程的右邊只要按空間座標求和。場和中心對稱

性要求 $\gamma_{\mu\nu}$ 的形式應為

$$\gamma_{\alpha\beta} = \mu\delta_{\alpha\beta} + \lambda x_\alpha x_\beta \tag{110}$$

而 f^2、μ 與 λ 都只是 $r = \sqrt{x_1^2 + x_2^2 + x_3^2}$ 的函數。可以隨意選擇這三個函數中的一個，因為我們的坐標系本來就是完全隨意的；因為用代換

$$x'_4 = x_4$$
$$x'_\alpha = F(r)x_\alpha$$

總能保證這三個函數中的一個成為 r' 的指定函數。因此可令

$$\gamma_{\alpha\beta} = \delta_{\alpha\beta} + \lambda x_\alpha x_\beta \tag{110a}$$

來代替 (110) 而並未限制普遍性。

這樣就用 λ 與 f 兩個量表示了 $g_{\mu\nu}$。先由 (109) 與 (110a) 計算 $\Gamma^\sigma_{\mu\nu}$ 之後，把這些量引入方程 (96)，便將它們確定成 r 的函數。於是有

$$\left.\begin{array}{l} \Gamma^\sigma_{\alpha\beta} = \dfrac{1}{2}\,\dfrac{x_\sigma}{r}\cdot\dfrac{\lambda' x_\alpha x_\beta + 2\lambda_r\delta_{\alpha\beta}}{1+\lambda r^2}\ (\text{對於}\ \alpha,\beta,\sigma=1,2,3) \\[2mm] \Gamma^4_{44}=\Gamma^\sigma_{4\beta}=\Gamma^4_{\alpha\beta}=0\ (\text{對於}\ \alpha,\beta=1,2,3) \\[2mm] \Gamma^4_{4\alpha}=\dfrac{1}{2}\,f^{-2}\dfrac{\partial f^2}{\partial x_\alpha}\,,\ \Gamma^\alpha_{44}=-\dfrac{1}{2}\,g^{\alpha\beta}\dfrac{\partial f^2}{\partial x_\beta} \end{array}\right\} \tag{110b}$$

借助於這些結果，場方程提供了許瓦茲喜德的解：

$$ds^2 = \left(1-\frac{A}{r}\right)dl^2 - \left[\frac{dr^2}{1-\dfrac{A}{r}} + r^2(sin^2\theta d\phi^2 + d\theta^2)\right] \tag{109a}$$

其中曾令

$$
\left.\begin{array}{l}
x_4 = l \\
x_1 = r\sin\theta\sin\phi \\
x_2 = r\sin\theta\sin\phi \\
x_3 = r\cos\theta \\
A = \dfrac{\kappa M}{4\pi}
\end{array}\right\} \tag{109b}
$$

M 表示太陽的質量，對於座標原點取中心對稱的位置。(109a) 這個解只在這個質量之外有效，所有的 $T_{\mu\nu}$ 在這樣的地點都等於零。如果行星的運動發生在 x_1–x_2 平面裡，則必須以

$$
ds^2 = \left(1 - \frac{A}{r}\right) dl^2 - \frac{dr^2}{1 - \dfrac{A}{r}} - r^2 d\phi^2 \tag{109b}
$$

代替 (109a)。

行星運動的計算有賴於方程 (90)。由 (110b) 的第一個方程與 (90)，對於指標 1、2、3，得到

$$
\frac{d}{ds}\left(x_\alpha \frac{dx_\beta}{ds} - x\beta \frac{ds_\alpha}{ds}\right) = 0
$$

如果積分，並以極座標表示結果，就有

$$
r^2 \frac{d\phi}{ds} = 恆量 \tag{111}
$$

由 (90)，對於 $\mu = 4$，得

$$0 = \frac{d^2l}{ds^2} + \frac{1}{f^2}\frac{\partial f^2}{\partial x_\alpha}\frac{dx_\alpha}{ds}\frac{dl}{ds} = \frac{d^2l}{ds^2} + \frac{1}{f^2}\frac{df^2}{ds}\frac{dl}{ds}$$

由此，在乘以 f^2 並積分之後，有

$$f^2\frac{dl}{ds} = 恆量 \qquad (112)$$

　　(109c)、(111) 與 (112) 使我們有了三個關於四個變數 s、r、l 與 ϕ 的方程，從這些方程就可按照和經典力學裡同樣的方法計算行星的運動。由此獲得的最重要的結果是行星橢圓軌道依照行星公轉方向的長期轉動，每公轉按弧度計的值是

$$\frac{24\pi^3 a^2}{(1 - e^2)c^2 T^2} \qquad (113)$$

其中

　　a = 行星半長軸按釐米計的長度，

　　e = 偏心率，

　　c = 3.10^{+10}，光在眞空中的速度，

　　T = 按秒計的公轉週期。

這個式子使得百年來（自賴斐列起始）大家所熟知而理論天文學一直未能滿意解釋的水星近日點運動獲得了說明。

　　以廣義相對論表示麥克斯韋的電磁場論是沒有困難的；應用 (81)、(82) 與 (77) 等張量的形成就能做到。設 ϕ_μ 為一階張量，理解為電磁四元勢；那麼，因為電磁場張量可以用這些關係式下定義，

$$\phi_{\mu\nu} = \frac{\partial \phi_\mu}{\partial x_\nu} - \frac{\partial \phi_\nu}{\partial x_\mu} \qquad (114)$$

於是麥克斯韋方程組的第二個方程就用由此所得的張量方程

$$\frac{\partial \phi_{\mu\nu}}{\partial x_\rho} + \frac{\partial \phi_{\nu\rho}}{\partial x_\mu} + \frac{\partial \phi_{\rho\mu}}{\partial x_\nu} = 0 \qquad (114a)$$

來確定，而以張量密度關係式

$$\frac{\partial f^{\mu\nu}}{\partial x_\nu} = \mathfrak{I}^\mu \qquad (115)$$

來確定麥克斯韋方程組的第一個方程，其中

$$f^{\mu\nu} = \sqrt{-g}\, g^{\mu\sigma} g^{\nu\tau} \phi_{\sigma\tau}$$

$$\mathfrak{I}^\mu = \sqrt{-g}\, \rho\, \frac{dx_\nu}{ds}$$

如果將電磁場的能張量引入 (96) 的右邊並取散度，就會對於特殊情況 $\mathfrak{I}^\mu = 0$ 得到 (115)。作爲 (96) 的一個推論。許多理論家認爲這種在廣義相對論的方案裡包括電的理論是武斷而不能令人滿意的。這樣我們也不能了解構成基本帶電粒子的電的平衡。如果有一種理論，引力場與電磁場不作爲邏輯上有區別的結構進入其中，這樣的理論就會是可取得多的。H. 外爾以及近來 Th. 卡魯查沿著這個方向提出了巧妙的見解；然而關於這些見解，我深信它們並沒有引導我們更接近於基本問題的眞實解答。我不打算進一步研究這一點。但我要簡略地討論所謂宇宙學問題，因爲沒有這種討論，關於廣義相對論的考慮在某種意義上仍然是不夠的。

上面基於場方程 (96) 的考慮以這樣的概念為基礎，就是空間整個來說是伽利略、歐幾里得空間，而只是含在裡面的質量才擾亂了這個特性。只要涉及的空間在數量級上如天文學通常所處理的那樣，這個概念當然是有理由的。但是宇宙的哪些部分是準歐幾里得的，不論它們多大，卻是全然不同的問題。從曾經多次用到的曲面理論中舉一個例子，可以弄清這一點。如果曲面的某個部分實際上可當做平面，絲毫不能推斷整個曲面具有平面的形狀；這個曲面盡可以是半徑足夠大的球面。在相對論發展前，從幾何學觀點已討論得很多的一個問題是宇宙全部來說是否是非歐幾里得的。但是隨著相對論，這問題已進入新的階段，因為按照這個理論，物體的幾何性質不是獨立的，而是和質量分佈有關的。

如果宇宙是準歐幾里得的，則馬赫認為慣性以及引力依賴於物體間的一種相互作用的見解，是完全錯誤的。因為在這個情況下，對於適當選擇的坐標系，$g_{\mu\nu}$ 在無限遠處會是恆定的，就像它們在狹義相對論裡一樣；而作為有限區域裡質量影響的結果，在有限區域裡，對於適當選擇的座標，$g_{\mu\nu}$ 會和這些恆定值只有微小的差別。那麼空間的物理性質便不是完全獨立的，即不是完全不受物質的影響，不過大體上來說，它們會受到物質的制約，而且只在微小的程度上受制約。這樣一種二元論的觀念，甚至其本身也是不能令人滿意的；不過有一些駁斥它的重要物理論點，我們將予以考慮。

假定宇宙是無限的且在無限遠處是歐幾里得的，從相對論的觀點看，是一個複雜的假設。用廣義相對論的語言說，

這就要求四階黎曼張量 R_{iklm} 在無限遠處化爲零，這個張量提供了二十個獨立條件，而只有十個曲率分量 $R_{\mu\nu}$ 進入引力場定律裡。假設這樣影響遠及的限制而沒有任何物理基礎，當然是不能令人滿意的。

但是第二點，馬赫認爲慣性依賴於物質的一種相互作用的想法，從相對論看來，可能走上了正確的道路。因爲下面將要指出：按照我們的方程，在慣性的相對性意義下，慣性質量確在互相作用，即使作用很微弱。沿著馬赫的思路應當期待些什麼呢？

1. 有質物堆積在物體鄰近時，物體的慣性必定增加。

2. 鄰近質量加速時，物體一定受到加速力，事實上力必定和加速度同方向。

3. 轉動的中空物體必定在其本身內部產生使運動物體按轉動方向偏轉的「科里奧利場」以及徑向離心場。

現在要證明：根據我們的理論，按馬赫見解應當期待的這三種效應是實際存在的，雖然它們在大小上過於微小，以致無從設想由實驗室的實驗加以證實。爲了這個目的，回到質點運動方程 (90)，並要進行比較方程 (90a) 裡略進一步的近似計算。

首先，設 γ_{44} 爲一級微量。按照能量方程，質量在引力影響下運動的速度的平方是同級的量。因此將所考慮的質點的速度以及產生場的質量的速度都當做級數爲 1/2 的微量是合理的。現在要在從場方程 (101) 與運動方程 (90) 而來的方程裡進行近似計算，達到的程度是對於 (90) 左方的第二項，考慮那些與速度呈線性關係的各項。此外，不設 ds 與 dl 彼

此相等，而要按照較高的近似程度，令

$$ds = \sqrt{g_{44}}\, dl = \left(1 - \frac{\gamma_{44}}{2}\right) dl$$

起初由 (90) 得到

$$\frac{d}{dl}\left[\left(1 + \frac{\gamma_{44}}{2}\right)\frac{dx_\mu}{dl}\right] = -\Gamma^\mu_{\alpha\beta}\frac{dx_\alpha}{dl}\frac{dx_\beta}{dl}\left(1 + \frac{\gamma_{44}}{2}\right) \tag{116}$$

由 (101)，按要求的近似程度，有

$$\left.\begin{array}{l} -\gamma_{11} = -\gamma_{22} = -\gamma_{33} = \gamma_{44} = \dfrac{\kappa}{4\pi}\displaystyle\int\dfrac{\sigma dV_0}{r} \\[3mm] \gamma_{4\alpha} = -\dfrac{i\kappa}{2\pi}\displaystyle\int\dfrac{\sigma\dfrac{dx_\alpha}{ds}dV_0}{r} \\[3mm] \gamma_{\alpha\beta} = 0 \end{array}\right\} \tag{117}$$

其中 α 與 β 只表示空間指標。

可以在 (116) 的右邊將 $1 + \dfrac{\gamma_{44}}{2}$ 換成 1，並將 $-\Gamma^{\alpha\beta}_\mu$ 換成 $\begin{bmatrix}\alpha\beta\\\mu\end{bmatrix}$。此外，容易看出：按這樣的近似程度，必須令

$$\begin{bmatrix}44\\\mu\end{bmatrix} = -\frac{1}{2}\frac{\partial\gamma_{44}}{\partial x_\mu} + \frac{\partial\gamma_{4\mu}}{\partial x_4}$$

$$\begin{bmatrix}\alpha4\\\mu\end{bmatrix} = \frac{1}{2}\left(\frac{\partial\gamma_{4\mu}}{\partial x_\alpha} - \frac{\partial\gamma_{4\alpha}}{\partial x_\mu}\right)$$

$$\begin{bmatrix}\alpha\beta\\\mu\end{bmatrix} = 0$$

其中 α、β 與 μ 表示空間指標。因此按通常的向量寫法，由

(116) 得到

$$\frac{d}{dl}[(1+\bar{\sigma})\mathbf{v}] = \operatorname{grand}\bar{\sigma} + \frac{\partial\mathfrak{A}}{\partial l} + [\operatorname{rot}\mathfrak{A}, \mathbf{v}]$$

$$\bar{\sigma} = \frac{\kappa}{8\pi}\int\frac{\sigma dV_0}{r}$$

$$\mathfrak{A} = \frac{\kappa}{2\pi}\int\frac{\sigma\frac{dx_\alpha}{dl}dV_0}{r} \tag{118}$$

事實上，現在運動方程 (118) 表明：

1. 慣性質量和 $1+\bar{\sigma}$ 成比例，所以當有質物趨近試驗物體時會增加。

2. 加速質量對於試驗物體有同符號的感應作用。這就是 $\frac{\partial\mathfrak{A}}{\partial l}$ 一項。

3. 在轉動的中空物體內部，垂直於轉軸運動的質點按轉動方向偏轉（科里奧利場）。從理論還可推斷在轉動的中空物體內部有上面提到的離心作用，正如梯爾令曾經指出的一樣。[1]

雖然由於 κ 是這樣微小，所有這些效應都不可能從實驗觀測到，但是按照廣義相對論，它們肯定是存在的。對於馬赫關於所有慣性作用的相對性的見解，我們應從這些效應中看到有力的支援。如果在思想上將這些見解一致地貫徹到

---

[1] 在相對於慣性系作等速轉動的坐標系的特殊情況下，即使不用計算，也可以認識到離心作用必然是和科里奧利場的存在不可分離地聯繫著的；普遍的協變方程自然必須適用於這樣的情況。

底，就必須期待全部慣性，即整個 $g_{\mu\nu}$ 場，是由宇宙的物質來決定，而不是主要由無限遠處的邊界條件來決定。

　　星體的速度和光速相比較是微小的，這個事實看來對於建立宇宙大小的 $g_{\mu\nu}$ 場的適當概念是有意義的。由此推知：對於適當的座標選擇，在宇宙間，至少在宇宙間有物質的部分，g_{44} 幾乎是恆定的。而且，宇宙間各處都有星體的假設似乎是自然的，所以很可以假定 g_{44} 的不恆定只是由於物質並不連續分布而卻集中在單獨天體與天體系裡的原因。如果為了研究宇宙作為整體的一些幾何性質，願意不顧物質密度與 $g_{\mu\nu}$ 場的這些較為局部的非均勻性，則似乎自然可將實際的質量分布代之以連續分布，並進一步給這個分布指定均勻的密度 σ。在這樣設想的宇宙裡，所有各點連同空間方向在幾何上是等效的；關於它的空間延展，它具有恆定的曲率，並且對於 x_4 座標是柱狀的。有可能宇宙是空間有界的，因而按照 σ 為恆定的假定，具有恆定曲率，作球狀或橢球狀，這種可能性好像特別令人滿意；因為既然如此，根據廣義相對論的觀點，無限遠處的邊界條件是極不方便的，就可將它換成自然得多的閉合空間的條件。

　　根據上面所說，應令

$$ds^2 = dx_4^2 - \gamma_{\mu\nu}dx_\mu dx_\nu \tag{119}$$

其中指標 μ 與 ν 只由 1 到 3。$\gamma_{\mu\nu}$ 是 x_1、x_2、x_3 的某種函數，它相應於具有正的恆曲率的三維連續區域。現在必須研究這樣的假設能否滿足引力場方程。

　　為了能作這樣的研究，必須首先知道具有恆曲率的三維流形滿足什麼微分條件。浸沒在四維歐幾里得連續區域裡的三維球狀流形[2]可用方程

$$x_1^2 + x_2^2 + x_3^2 + x_4^2 = a^2$$
$$dx_1^2 + dx_2^2 + dx_3^2 + dx_4^2 = ds^2$$

表示。消去 x_4，得

$$ds^2 = dx_1^2 + dx_2^2 + dx_3^2 + \frac{(x_1 dx_1 + x_2 dx_2 + x_3 dx_3)^2}{a^2 - x_1^2 - x_2^2 - x_3^2}$$

　　不計含 x_v 三次與更高次的各項，就可在座標原點的鄰近令

$$ds^2 = \left(\delta_{\mu v} + \frac{x_\mu x_v}{a^2} \right) dx_\mu dx_v$$

括弧內部是流形在原點鄰近的 $g_{\mu v}$。由於 $g_{\mu v}$ 的一階導數，因而還有 $\Gamma_{\mu v}^\alpha$，都在原點化為零，所以由 (88) 計算這個流形在原點的 $R_{\mu v}$ 是很簡單的。我們有

$$R_{\mu v} = -\frac{2}{a^2} \delta_{\mu v} = -\frac{2}{a^2} g_{\mu v}$$

　　因為關係式 $R_{\mu v} = -\frac{2}{a^2} \delta_{\mu v}$ 是一般地協變的，而且流形的所有各點都是在幾何上等效的，所以這個關係式對於每個坐

---

② 這裡引用第四空間維度，除了作為數學上的手段之外，當然是沒有意義的。

標系以及在流形的各處都能成立。為了避免和四維連續區域相混淆，以下將以希臘字母表示有關三維連續區域的量，並令

$$P_{\mu\nu} = -\frac{2}{a^2}\,\gamma_{\mu\nu} \tag{120}$$

現在進行將場方程 (96) 應用到我們的特殊情況。對於四維流形，由 (119) 得

$$\left.\begin{array}{l} R_{\mu\nu} = P_{\mu\nu}\ \text{對於指標 1 到 3} \\[4pt] R_{14} = R_{24} = R_{34} = R_{44} = 0 \end{array}\right\} \tag{121}$$

對於 (96) 的右邊，須考慮作塵雲狀分布的物質的能張量。因此按照以上所說，專對靜止情況，必須令

$$T^{\mu\nu} = \sigma\,\frac{dx_{\mu}}{ds}\,\frac{dx_{\nu}}{ds}$$

但是此外還要添加一個壓強項，這可以從物理上來成立如下。物質是帶電粒子組成的。在麥克斯韋理論的基礎上，不能將它們設想為沒有奇異點的電磁場。為了符合事實起見，須引入麥克斯韋理論裡沒有的能量項，使得單獨的帶電粒子不管它們的帶有同號電的組素間的相互推斥而可以聚合。為了符合這個事實，龐加萊曾假定在這些粒子內部有平衡靜電推斥的壓強存在。然而不能斷言這個壓強在粒子外面就化為零。如果在我們的唯象性的陳述裡添加一個壓強項，就會符合這個情況。可是切莫以此和流體動力壓強相混淆，因為它只用來作為物質內部動力關係的能的表示。於是令

$$T_{\mu\nu} = g_{\mu\alpha} g_{\nu\beta}\sigma \frac{dx_\alpha}{ds} \frac{dx_\beta}{ds} - g_{\mu\nu}p \qquad (122)$$

因此在我們的特殊情況下，須令

$$T_{\mu\nu} = \gamma_{\mu\nu}p \ （對於從 1 到 3 的 \mu 與 \nu）$$

$$T_{44} = \sigma - p$$

$$T = -\gamma^{\mu\nu}\gamma_{\mu\nu}p + \sigma - p = \sigma - 4p$$

看到場方程 (96) 可以寫成

$$R_{\mu\nu} = -\kappa \left(T_{\mu\nu} - \frac{1}{2} g_{\mu\nu}T \right)$$

的形式，便從 (96) 獲得方程

$$+\frac{2}{a^2} \gamma_{\mu\nu} = \kappa \left(\frac{\sigma}{2} - p \right) \gamma_{\mu\nu}$$

$$0 = -\kappa \left(\frac{\sigma}{2} + p \right)$$

由此得到

$$\left. \begin{array}{l} p = -\dfrac{\sigma}{2} \\[2mm] \alpha = \sqrt{\dfrac{2}{\kappa\sigma}} \end{array} \right\} \qquad (123)$$

如果宇宙是準歐幾里得的，因而有無限大的曲率半徑，則 σ 會等於零。但是宇宙間物質的平均密度確然爲零，是少有可能的；這是我們反對準歐幾里得宇宙的假設的第三個論點。看來我們假設的壓強也不可能化爲零；只有在我們有了更完善的電磁場的理論知識之後，才能體會這個壓強的物理

本質。根據 (123) 的第二個方程，宇宙的半徑 a 是用方程

$$a = \frac{M\kappa}{4\pi^2} \tag{124}$$

由物質的總質量 M 確定的。借助於這個方程，幾何性質之完全有賴於物理性質就顯得很清楚了。

這樣就可以引入下述論點來駁斥空間無限的觀念，並支援空間有界或閉合的觀念：

1. 根據相對論的觀點，假設閉合的宇宙比較在宇宙的準歐幾里得結構的無限遠處假設相應的邊界條件，要簡單得多。

2. 馬赫表示的關於慣性依賴於物體相互作用的見解是作爲一次近似而包含在相對論的方程裡的；根據這些方程推知，慣性依賴於，至少是部分地依賴於，質量間的相互作用。因爲如果假定慣性一部分依賴於相互作用，一部分又依賴於空間的獨立性質，則所作的假定是不能令人滿意，從而馬赫的見解就更加顯得可能了。然而馬赫的這個見解只適應於空間有界的有限宇宙，而不適應於準歐幾里得的無限宇宙。根據認識論的觀點，讓空間的力學性質完全由物質確定會更令人滿意些，而只有在閉合宇宙中才是這樣的情況。

3. 只有在宇宙間物質的平均密度等於零的情況下，無限的宇宙才有可能。這樣一種假定在邏輯上雖有可能，但是和宇宙間的物質存在著有限的平均密度的假設相比，它還是可能較少的。

附 錄 Ⅰ

原著第二版附錄

　　愛因斯坦 1916 年提出的廣義相對論，更進一步推廣了狹
義相對論，成爲萬有引力學說發展的新階段。廣義相對論的推
論，已成爲一系列的天文觀測所證實，它在宇宙學上具有重大
的意義。

Die Grundlage der allgemeinen Relativitätstheorie.

A. Prinzipielle Erwägungen zum Postulat der Relativität.

§1. Die spezielle Relativitätstheorie.

Die im Nachfolgenden dargelegte Theorie bildet die denkbar weitgehendste Verallgemeinerung der heute allgemein als „Relativitätstheorie" bezeichneten Theorie; diese letzte nenne ich im Folgenden zur Unterscheidung von der ersteren „spezielle Relativitätstheorie" und setze sie als bekannt voraus. Diese Verallgemeinerung wurde sehr erleichtert durch die Gestalt, welche der speziellen Relativitätstheorie durch Minkowski gegeben wurde, welcher Mathematiker zuerst die formale Gleichwertigkeit der räumlichen Koordinaten und der Zeitkoordinate hier erkannt und für den Aufbau der Theorie nutzbar machte. Die für die allgemeine Relativitätstheorie nötigen mathematischen Hilfsmittel lagen fertig bereit in dem „absoluten Differentialkalkül", welcher auf den Forschungen von Gauss, Riemann und Christoffel über nichteuklidische Mannigfaltigkeiten ruht und von Ricci und Levi-Civita in ein System gebracht und bereits auf Probleme der theoretischen Physik angewendet wurde. Ich habe im Abschnitt B der vorliegenden Abhandlung alle für uns nötigen, bei dem Physiker nicht als bekannt vorauszusetzenden mathematischen Hilfsmittel entwickelt, in möglichst einfacher und durchsichtiger Weise entwickelt, sodass ein Studium mathematischer Literatur für das Verständnis der vorliegenden Abhandlung nicht erforderlich ist. Endlich sei an dieser Stelle dankbar meines Freundes, des Mathematikers Grossmann, gedacht, der mir durch seine Hilfe nicht nur das Studium der einschlägigen mathematischen Literatur ersparte, sondern mich auch beim Suchen nach den Feldgleichungen der Gravitation unterstützte.

A. Prinzipielle Erwägungen zum Postulat der Relativität.
Bemerkungen zu der
§1. Die spezielle Relativitätstheorie.

Der speziellen Relativitätstheorie liegt folgendes Postulat zugrunde, welchem auch durch die Galilei-Newton'sche Mechanik Genüge geleistet wird: Wird ein Koordinatensystem K so gewählt, dass in bezug auf dasselbe die physikalischen Gesetze in ihrer einfachsten Form gelten, so gelten dieselben Gesetze auch in bezug auf jedes andere Koordinatensystem K', das relativ zu K in gleichförmiger Translationsbewegung begriffen ist. Dies Postulat nennen wir „spezielles Relativitätsprinzip". Durch das Wort „speziell" soll angedeutet werden, dass das Prinzip auf den

發表於《物理學紀事》（1916）的〈廣義相對論的基礎〉文章的手稿。這篇文章第一次系統地闡釋了廣義相對論。

論「宇宙學問題」

自這本小書第一版發行以來，相對論又有了一些進展。其中有些打算在這裡只作簡要的說明：

前進的第一步是斷然證明發源地點的（負）引力勢所引起的光譜線紅向移動的存在。所謂「矮星」的發現使這個證明有了可能，這種星的平均密度成萬倍地超過水的密度。對於這樣一顆能夠確定質量與半徑的星（例如天狼星的淡弱伴星）[①]，曾根據理論推測紅向移動約為對於太陽的 20 倍，而實際證明它確在所推測的範圍之內。

前進的第二步涉及受引力的物體的運動定律，於此略加敘述。在起初確定理論的表示式時，受引力的質點的運動定律是作為引力場定律之外的獨立基本假設來引入的──參看方程 (90)，它斷言受引力的質點沿短程線運動。這就造成由伽利略慣性定律轉到存在「真正」引力場的情況這種假想的轉化。已經證明這個運動定律──推廣到任意大的受引力質量的情況──可以單獨從空虛擬空間的場方程求得。根據這個推導，運動定律取決於一個條件，就是場在產生場的各質點外面到處無奇異點。

前進的第三步涉及所謂「宇宙學問題」，這裡打算詳細討論，部分地由於它的基本重要性，部分地也因為這些問

[①] 質量是應用牛頓定律而以光譜學方法從天狼星上的反作用得到的；半徑是從總光亮度與每單位面積的輻射強度得到的，而後者又可由其輻射溫度獲得。

題的討論還根本沒有結束。由於我逃不掉這樣的印象，就是在目前對於這個問題的處理中，最重要的基本觀點還不夠強調；這個事實也使我感到一種督促來作更確切的討論。

問題大致可以這樣規定：根據對於恆星的觀測，我們堅信恆星系統大體上並不像漂浮在無限的虛擬空間裡的島嶼，而且也不存在任何類似於所有現存物質總量的重心的東西，毋寧說我們深信空間物質有著不等於零的平均密度。

於是引發這樣的問題：能否使根據經驗所提出的這個假設和廣義相對論相調協？

首先須將問題規定得更確切些。考慮宇宙的一個足夠大的有限部分，能使其中所合物質的平均密度是 (x_1, x_2, x_3, x_4) 的近似連續函數。這樣一個子空間可以近似地當做關聯到星體運動的慣性系（閔考斯基空間）。能夠安排它使得相對於這個系的平均物質速度在所有的方向上都化爲零。剩下的是各個星體的（近乎紊亂的）運動，類似於氣體分子的運動。一個主要之點是，由經驗知道星體的速度和光速相比較是很微小的，所以暫且完全忽略這個相對運動，並將這些星代之以各微粒相互間沒有（紊亂）運動的物質塵埃，是行得通的。

上述條件還絕不足以使問題成爲確定的問題。最簡單而最根本的特殊規定是這個條件：物質的（自然測定的）密度 ρ 在空間到處都是相同的；對於座標的適當選擇，度規是與 x_4 無關的，且對於 x_1, x_2, x_3 是均勻而各向同性的。

我起初就認爲這個情況是大規模物理空間最自然的理想化描述。反對這個解法的意見是所需引入的負壓強沒有物理

根據。爲了使這樣的解法成爲可能，我在原來的方程裡新添一項以代替上述壓強，根據相對論的觀點，這是容許的。這樣擴大後的引力方程是

$$\left(R_{ik} - \frac{1}{2} gikR\right) + A_{gik} + kT_{ik} = 0 \tag{1}$$

其中 A 是一個普適恆量（「宇宙學恆量」）。這個第二項的引入使理論趨於複雜化，嚴重地減弱了理論在邏輯上的樸素性。幾乎不能避免引用物質的有限平均密度，這就造成了困難，而只能以這個困難來說明上述補充項是應當引入的。順便提到，同樣的困難在牛頓理論裡也是存在的。

　　數學家弗利德曼爲這個進退兩難的境地找到一條出路。[2] 後來他的結果由於赫布耳的星系膨脹的發現（隨距離均勻增加的光譜線紅向移動）而獲得意外的證實。下面主要只是弗利德曼見解的說明。

對於三維各向同性的四維空間

　　我們發覺所看到的一些星系在所有的方向上以大致同樣的密度分布著。於是促使我們假定系的空間各向同性對於所有的觀察者，對於和周圍物質相比較是處於靜止的觀察者的每個地點與每個時刻都是成立的。另一方面，我們不再假定

---

[2]　他指出：根據場方程，在整個（三維）空間裡可能有有限的密度，不必特地爲此擴大這些場方程。《物理學雜誌》（*Zeitschrif für Physik*）10（1922）。

對於和鄰近物質保持相對靜止的觀察者，物質的平均密度對
於時間是恆定的。與此相伴，我們拋掉度規場的表示式和時
間無關的假設。

現在須爲宇宙就空間而論處處各向同性的條件找出數學
形式。通過（四維）空間的每一點 P 有一條質點所行的路
線（以下簡稱「短程線」）。設 P 與 Q 是這樣一條短程線
上無限接近的兩點，那麼就有必要要求相對於保持 P 與 Q
固定的坐標系的任何轉動，場的表示式是不變的。這對於任
何短程線的任何元素都將有效。③

上述不變性的條件意味著短程線全線處於轉動軸上而其
各點在坐標系的轉動下保持不變。這就意味著這個解對於坐
標系繞三重無限多的短程線的所有轉動應是不變的。

爲簡略起見，我不打算涉及解法的演繹推導。可是對於
三維空間，似乎能直覺地看到：在繞雙重無限多的線的轉動
下不變的度規根本上屬於中心對稱的類型（按適當的座標選
擇），其中轉動軸是沿徑直線，由於對稱性的緣故，它們是
短程線，那麼恆值半徑的曲面是（正）曲率恆定的曲面，這
些曲面處處垂直於（沿徑）短程線。因此按不變論的語言就
有下述結果：

存在著正交於短程線的曲面族。這些曲面的每一個都是
曲率恆定的曲面。這些短程線在曲面族的任何兩個曲面間的

---

③ 這個條件不僅限制度規，並且還要求對於每一條短程線都存在一個
坐標系，能使得相對於這個系，繞這條短程線轉動下的不變性是有
效的。

弧段是相等的。

　　注　族中曲面可能有負的恆值曲率或歐幾里得曲面（零曲率），就這一點而論，前面直覺地獲得的並不是一般情況。

　　我們所關心的四維情況是完全類似的。此外，當度規空間有慣性指數 1 時並無根本區別；不過須選擇徑向作為類時的方向而相應地以族中曲面內的方向作為類空的方向。所有各點的局部光錐的軸都處於沿徑的線上。

座標的選擇

　　現在選擇在物理解釋的觀點上更方便的別種座標，以代替將宇宙的空間各向同性表示得最為明顯的四個座標。

　　在中心對稱的形式下，質點短程線是通過中心的直線，就選擇它們作為類時線，線上的 x_1，x_2，x_3 是恆定的，而獨有 x_4 是變化的。再設 x_4 等於到中心的度規距離。按這樣的座標，度規的形式為

$$\left.\begin{array}{l} ds^2 = dx_4^2 - d\sigma^2 \\ d\sigma^2 = \gamma_{ik}dx_i dx_k (i, k = 1, 2, 3) \end{array}\right\} \tag{2}$$

$d\sigma^2$ 是各球狀超曲面之一上面的度規。於是除了僅僅依賴於 x_4 的一個正因數之外，屬於不同超曲面的 γ_{ik}（由於中心對稱性）在所有超曲面上的形式是一樣的：

$$\gamma_{ik} = \gamma_{ik} G^2 \tag{2a}$$

其中 γ_0 只依賴於 x_1，x_2，x_3，而 G 僅僅是 x_4 的函數。於是得到

$$d\sigma_0^2 = \gamma_{ik} dx_i dx_k (i, k = 1, 2, 3) \tag{2b}$$

是三維裡曲率恆定的確定度規，對於每個 G 是相同的。

方程

$$R_{iklm} - B (\gamma_{il}\gamma_{km} - \gamma_{im}\gamma_{kl}) = 0 \tag{2c}$$

表示這種度規的特性。可選擇坐標系（x_1，x_2，x_3）使得：

$$d\sigma_0^2 = A^2(dx_1^2 + dx_2^2 + dx_3^2)，即 \gamma_{ik} = A^2\delta_{ik} \tag{2d}$$

其中 A 將僅僅是 $r(r^2 = x_1^2 + x_2^2 + x_3^2)$ 的正值函數。代入方程，獲得兩個關於 A 的方程：

$$\left.\begin{array}{l} -\dfrac{1}{r}\left(\dfrac{A'}{Ar}\right)' + \left(\dfrac{A'}{Ar}\right)^2 = 0 \\[3mm] -\dfrac{2A'}{Ar} - \left(\dfrac{A'}{Ar}\right)^2 - BA^2 = 0 \end{array}\right\} \tag{3}$$

第一個方程為

$$A = \frac{c_1}{c_2 + c_3 r^3} \tag{3a}$$

所滿足，其中恆量暫時是隨意的。於是由第二個方程，得到

$$B = 4\frac{c_2 c_3}{c_1^2} \tag{3b}$$

關於各個恆量 c，有下列情況：如果對於 $r = 0$，A 應有正值，則 c_1 與 c_2 必須有相同符號。因為改變所有三個恆量

的符號並不改變 A，所以可設 c_1 與 c_2 都是正的。還可令 c_2 等於 1。此外，由於正因數總能併入 G^2 裡，因而也可使 c_1 等於 1 而不損失普遍性。所以能令

$$A = \frac{1}{1 + cr^2} \; ; \; B = 4c \qquad (3c)$$

現在有了三種情況：

$$c > 0 \;（球狀空間），$$
$$c < 0 \;（贗球狀空間），$$
$$c = 0 \;（歐幾里得空間）。$$

用座標的相似性變換（$x'_i = ax_i$，其中 a 是恆定的）還可在第一種情況下得到 $c = \frac{1}{4}$，在第二種情況下得到 $c = -\frac{1}{4}$。

於是對於這三種情況，分別有

$$\left. \begin{array}{l} A = \dfrac{1}{1 + \dfrac{r^2}{4}} \; ; \; B = +1 \\[3em] A = \dfrac{1}{1 - \dfrac{r^2}{4}} \; ; \; B = -1 \\[2.5em] A = 1 \; ; \; B = 0 \end{array} \right\} \qquad (3d)$$

在球狀情況下，單位空間（$G = 1$）的「周長」是

$$\int_{-\infty}^{\infty} \frac{dr}{1 + \dfrac{r^2}{4}} = 2\pi$$

單位空間的「半徑」等於 1。在所有這三種情況下，時間的函數 G 是（在空間截口測定的）兩質點間距離隨時間變化

的量度。在球狀的情況下，G 是在時刻 x_4 的空間半徑。

摘要 理想化宇宙的空間各向同性假設引致度規：

$$ds^2 = dx_4^2 - G^2A^2(dx_1^2 + dx_2^2 + dx_3^2) \qquad (2)$$

其中 G 僅僅依賴於 x_4，A 僅僅依賴 $r^2(=x_1^2 + x_2^2 + x_3^2)$，並且

$$A = \frac{1}{1 + \frac{z}{4}r^2} \qquad (3)$$

而分別以 $z = 1$，$z = -1$，與 $z = 0$ 表示不同情況的特性。

場方程

現在必須進一步滿足引力場方程，即不帶有以前曾特地引入的「宇宙學項」的場方程：

$$\left(R_{ik} - \frac{1}{2}g_{ik}R\right) + \kappa T_{ik} = 0 \qquad (4)$$

代入基於空間各向同性假設的度規表示式，計算後獲得

$$\left.\begin{array}{l} R_{ik} - \dfrac{1}{2}g_{ik}R = \left(\dfrac{z}{G^2} + \dfrac{G'^2}{G^2} + 2\dfrac{G''}{G^2}\right)GA\delta_{ik}(i, k = 1, 2, 3) \\[3mm] R_{44} - \dfrac{1}{2}g_{44}R = -3\left(\dfrac{z}{G^2} + \dfrac{G'^2}{G^2}\right) \\[3mm] R_{i4} - \dfrac{1}{2}g_{i4}R = 0 \ \ (i = 1, 2, 3) \end{array}\right\} \qquad (4a)$$

此外關於「塵埃」的物質的能張量 T_{ik}，有

$$T_{ik} = \rho\,\frac{dx_i}{ds}\frac{dx_k}{ds} \qquad (4b)$$

物質沿著作運動的短程線是僅僅 x_4 沿著它變化的線；在它們上面 $dx_4 = ds$。有唯一不爲零的分量

$$T^{44} = \rho \tag{4c}$$

降下指標，得到 T_{ik} 的唯一不化爲零的分量

$$T_{44} = \rho \tag{4c}$$

　　考慮及此，場方程就成了

$$\left.\begin{array}{l} \dfrac{z}{G^2} + \dfrac{G'^2}{G^2} + 2\dfrac{G''}{G^2} = 0 \\[2mm] \dfrac{z}{G^2} + \dfrac{G'^2}{G^2} - \dfrac{1}{3}\kappa\rho = 0 \end{array}\right\} \tag{5}$$

$\dfrac{z}{G^2}$ 是空間截口 $x_4 = $ 恆量裡的曲率。因爲在所有的情況下，G 是兩質點間度規距離作爲時間函數的一個相對的量度，$\dfrac{G'}{G}$ 表示赫布耳膨脹。A 從方程裡消去了；因爲如果引力方程應具有所要求的對稱形式的解，A 就不得不消去。將兩個方程相減，得到

$$\dfrac{G''}{G} + \dfrac{1}{6}\kappa\rho = 0 \tag{5a}$$

因爲 G 與 ρ 必須處處是正的，所以對於不化爲零的 ρ，G'' 處處是負的。因此，$G(x_4)$ 既無極小值，又無拐點；此外，沒有 G 是恆定的解。

空間曲率爲零（z＝0）的特殊情況

密度 ρ 不化爲零的最簡單的特殊情況就是 $z = 0$ 的情況，其中截口 $x_4 =$ 恆量是不彎曲的。如果令 $\frac{G'}{G} = h$，則場方程在這個情況下是

$$\left.\begin{array}{l} 2h' + 3h^2 = 0 \\ 3h^2 = \kappa\rho \end{array}\right\} \tag{5b}$$

第二個方程裡給定的赫布耳膨脹 h 與平均密度 ρ 之間的關係，至少就數量級而論，在某種程度上是可和經驗相比較的。對於 10^6 秒差距的距離，膨脹是每秒 432 千米。[④]如果以我們所用的量度制（以釐米爲長度單位，以光行一釐米的時間爲時間單位）表示，便得

$$h = \frac{432 \cdot 10^5}{3.25 \cdot 10^6 \cdot 365 \cdot 24 \cdot 60 \cdot 60} \cdot \left(\frac{1}{3 \cdot 10^{10}}\right)^2 = 4.71 \cdot 10^{-28} \text{。}$$

因爲參看（105a），還有 $\kappa = 1.86 \cdot 10^{-27}$，由 (5b) 的第二個方程得

$$\rho = \frac{3h^2}{\kappa} = 3.5 \cdot 10^{-28} \text{克一立方釐米}$$

按數量級，這個值約略符合於天文學家的估計（根據可看到的星與星系的質量與視差）。這裡引用 G. C. 麥克維諦

---

④ 按 1954 年的新資料，對於 106 秒差距的距離，這個恆量是每秒 174 千米。——俄文譯本注。

的話為例（《倫敦物理學會會報》第 51 卷，1939，第 537
頁）：「平均密度肯定不超過 10^{-27} 克一立方釐米，而更可
能的數量級是 10^{-29} 克一立方釐米。」

　　由於確定這個大小的巨大困難，我暫且就認為這樣的符
合是使人滿意的。因為確定 h 這個量比較確定 ρ 更準確些，
所以認為確定可觀察的空間構造要靠 ρ 更精密的確定，這種
看法可能是不為過分的。因為，由於 (5) 的第二個方程，空
間曲率在普遍情況下是

$$zG^{-2} = \frac{1}{3}\kappa\rho - h^2 \qquad (5c)$$

所以如果方程的右邊是正的，則空間具有正的恆曲率並因此
是有限的；其大小可按和這個差值一樣的準確程度來確定。
如果右邊是負的，空間就是無限的。目前 ρ 的確定還不足以
使我們從這個關係式推求出不等於零的空間（截口 $x_4 = $ 恆
量）的平均曲率。

　　如果不計空間曲率，適當地選取 x_4 的起點之後，(5c)
的第一個方程就成了

$$h = \frac{2}{3} \cdot \frac{1}{x_4} \qquad (6)$$

這個方程對於 $x_4 = 0$ 有奇異性，因此這樣的空間或者具有負
膨脹，而時間則往上受到 $x_4 = 0$ 一值的限制，或者它具有正
膨脹，其存在由 $x_4 = 0$ 開始。後一情況符合於自然的現實。

　　我們由 h 的測定值獲知宇宙到現在存在的時間是
1.5×10^9 年。這個年齡和根據堅實地殼中鈾衰變所作的推算
大致相同。這是一個有矛盾的結果，它由於好幾個原因引起

了關於理論有效性的懷疑。

　　現在發生一個問題：實際上忽略空間曲率的假定目前所造成的困難能否由於引入適當的空間曲率而消除？確定 G 對於時間依賴關係的 (5) 的第一個方程在這裡是有用的。

方程在空間曲率不為零的情況下的解法

　　如果研究空間截口（$x_4 = $ 恆量）的空間曲率，就有方程

$$\left. \begin{array}{l} zG^{-2} + \left[2\dfrac{G''}{G} + \left(\dfrac{G'}{G}\right)^2 \right] = 0 \\[3mm] zG^{-2} + \left(\dfrac{G'}{G}\right)^2 - \dfrac{1}{3}\kappa\rho = 0 \end{array} \right\} \tag{5}$$

$z = +1$ 時，曲率是正的，$z = -1$ 時，是負的。這些方程的第一個可以積分。先將它寫成下列形式：

$$z + 2GG'' + G'^2 = 0 \tag{5d}$$

如將 $x_4(= t)$ 當做 G 的函數，便有

$$G' = \frac{1}{t'} \text{，} \quad G'' = \left(\frac{1}{t'}\right)'\frac{1}{t'}$$

寫 $u(G)$ 以代替 $\dfrac{1}{t'}$，得

$$z + 2Guu' + u^2 = 0 \tag{5e}$$

或

$$z + (Gu^2)' = 0 \tag{5f}$$

從此由簡單的積分獲得

$$zG + Gu^2 = G_0 \qquad (5g)$$

或由於令 $u = \dfrac{1}{\dfrac{dt}{dG}} = \dfrac{dG}{dt}$，有

$$\left(\frac{dG}{dt}\right)^2 = \frac{G_0 - zG}{G} \qquad (5h)$$

其中 G_0 為恆量。如果取 (5h) 的導數並考慮到 G'' 由於 (5a) 的緣故是負的，則知這個恆量不會是負的。

(a) 具有正曲率的空間。

G 留存在區間 $0 \leq G \leq G_0$ 裡。下面是從量上表示 G 的略圖：

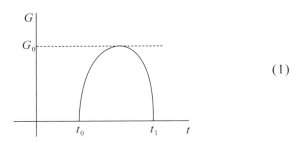

$$(1)$$

半徑 G 由 0 升至 G_0，然後再連續降到 0。空間截口是有限的（球狀的）：

$$\frac{1}{3}\kappa\rho - h^2 > 0 \qquad (5c)$$

(b) 具有負曲率的空間。

$$\left(\frac{dG}{dt}\right)^2 = \frac{G_0 + G}{G}$$

G 隨 t 由 $G = 0$ 向 $G = +\infty$ 增大（或從 $G = \infty$ 走到 $G = 0$）。
因此 $\dfrac{dG}{dt}$ 從 $+\infty$ 到 1 單調地減小，如略圖所示：

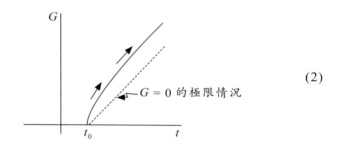

(2)

那麼這是連續膨脹而無收縮的情況。空間截口是無限的，並
有

$$\frac{1}{3}\kappa\rho - h^2 < 0 \tag{5c}$$

上節所述平面空間截口的情況，按方程

$$\left(\frac{dG}{dt}\right)^2 = \frac{G_0}{G} \tag{5h}$$

處於這兩種情況之間。

附識　負曲率的情況包括 ρ 為零作為極限情況。在這
種情況下，$\left(\dfrac{dG}{dt}\right)^2 = 1$（參看略圖 2）。因為計算表明曲率張
量等於零，所以這是歐幾里得的情況。

ρ 不為零的負曲率情況愈來愈接近地趨於這個極限情
況，於是隨著時間的增加，空間結構便愈來愈在更小的程度
上為包含在它裡面的物質所確定。

從對曲率不為零的情況的這種研究，便可得出下述結

論。對於每種（「空間的」）曲率不爲零的情況，像在曲率爲零的情況下一樣，存在有 $G = 0$ 的起始狀態，相當於膨脹的開始。因此在這個截口上，密度爲無限大，而場是奇異的。引入這樣新的奇異性，看來其本身是成問題的。[5]

　　此外，引入空間曲率對於從開始膨脹到降達某個確定值 $h = \dfrac{G'}{G}$ 時間的影響似乎在數量級上是可以忽略的。用初等的計算可以從 (5h) 求得這個時間，這裡略去不論。現在限於考慮 ρ 爲零的膨脹空間。上面說過，這是負空間曲率的一種特殊情況。由 (5) 的第二個方程有（考慮到第一項的反號）

$$G' = 1$$

於是（對於適當的 x_4 的起始點）。

$$G = x_4$$
$$h = \frac{G'}{G} = \frac{1}{x_4} \cdots \tag{6a}$$

因此對於膨脹時間，除了數量級爲 1 的因數而外，這個極端情況產生的結果像空間曲率爲零的情況一樣〔參看方程 (6)〕。

　　因此引入空間曲率並不能消去涉及方程 (6) 時提到的疑

---

[5] 然而應注意如下的情形：目前相對論的引力理論是以區分「引力場」與「物質」兩概念爲基礎的，不無理由的看法是，由於這個原因使理論不能適用於很高的物質密度。很可能在一種統一理論裡就不致出現奇異性了。

問，就是對於目前能夠觀測的星與星系的發展，它曾給出那樣非常短促的時間。

上述研究的擴展：按有靜止質量的物質推廣方程

直到現在，在所有得到的解裡總存在著系的一個狀態，在這個狀態下度規有奇異性（$G = 0$）而密度為無限大。於是發生這樣的問題：這種奇異性的產生是否可能由於我們考慮物質時將它當做了不抵抗凝聚的塵埃？我們曾否忽略了單獨星體無規運動的影響而未加論證？

例如可將塵埃的狀態由微粒彼此保持相對靜止換成彼此相對作無規運動，像氣體分子一樣。這樣的物質會抵抗絕熱的凝聚，且抵抗隨凝聚而加強。如此能否防止無限凝聚的發生？下面將指出：在物質描述上的這種修正絲毫不能改變上面那些解的主要特性。

按狹義相對論處理的「粒子氣」

考慮質量為 m 並作平行運動的一群粒子。用適當的變換就可以認為這個群是靜止的。於是粒子的空間密度 σ 在洛倫茲的意義上是不變的。對於任意的洛倫茲系，

$$T^{\mu v} = m\sigma \frac{dx^u}{ds} \frac{dx^v}{ds} \tag{7}$$

具有不變的意義（群的能張量）。如果有許多這樣的群，用求和法，對於其全體就有

$$T^{\mu v} = m \sum_p \sigma p \left(\frac{dx^u}{ds}\right)_p \left(\frac{dx^v}{ds}\right)_p \tag{7a}$$

關於這個形式,可以選擇洛倫茲系的時間軸;使 $T^{14} = T^{24} = T^{34} = 0$。由系的空間轉動還可獲得了 $T^{12} = T^{23} = T^{31} = 0$。再設粒子氣是各向同性的。這意味著 $T^{11} = T^{22} = T^{33} = p$。這和 $T^{44} = u$ 一樣,都是不變量。這樣便將不變量

$$\mathcal{F} = T^{\mu v} g_{\mu v} = T^{44} - (T^{11} + T^{22} + T^{33}) = u - 3p \tag{7b}$$

用 u 與 p 來表示。

由 $T^{\mu v}$ 的表示式可知 T^{11}、T^{22}、T^{33} 與 T^{44} 都是正的;因而 T_{11}、T_{22}、T_{33}、T_{44} 也同樣都是正的。

於是引力方程成了

$$\left.\begin{array}{l} 1 + 2GG'' + G^2 + \kappa T_{11} = 0 \\ -3G^{-2}(1 + G'^2) + \kappa T_{44} = 0 \end{array}\right\} \tag{8}$$

由第一個方程可知在這裡(因為 $T_{11} > 0$)G^{11} 也總是負的,而對於既定的 G 與 G',含 T_{11} 的項只會減小 G'' 的值。

由此看到:考慮質點的無規相對運動並未從根本上改變我們的結果。

綜述與其他附識

1. 雖然按相對論的觀點有可能將「宇宙論項」引入引力方程,但從合邏輯的簡約著眼卻應當放棄。如弗利德曼所首先指出的,倘若容許兩質點的度規距離隨時間變化,就可

使處處有限的物質密度和引力方程的原有形式相調協。⑥

2. 僅僅作宇宙在空間上各向同性的要求就會引致弗利德曼的形式。因此它無疑是適合宇宙論問題的普遍形式。

3. 不計空間曲率的影響，可獲知平均密度與赫布耳膨脹之間的關係，就數量級而言，這已為經驗所證實。

此外關於從膨脹開始到現在的時間，獲得的值按數量級是 10^9 年。這個時間的短促和恆星發展的理論是不符的。

4. 後一結果沒有因為引入空間曲率而改變；考慮星以及星系彼此間相對的無規運動也未使其改變。

5. 有人試圖對於赫布耳的光譜線移動採用都卜勒效應之外的其他解釋。可是已知的物理事實並不支援這樣的觀念。按照這種假設就可能用剛性量桿連接 S_1 與 S_2 兩個星體。如果沿著桿的光的波長數在途中隨時間變化，則由 S_1 發送到 S_2 並反射回來的單色光將以不同的頻率（用 S_1 上的時計測定）返達 S_1。這意味著各地點測得的光速依賴於時間，這甚至和狹義相對論也是相抵觸的。此外須注意，不斷在 S_1 與 S_2 間往復的光訊號將形成一只「時計」，而它卻不能和在 S_1 的時計（例如原子時計）保持恆定的關係。這將意味著不存在有相對性意義的度規。這不僅會使人們失去對於相對論所建立的一切關係的理解，而且這也不能符合於這

⑥ 假使赫布耳的膨脹發現於廣義相對論建立的時期，就絕不致引入宇宙論項。現在看來，將這樣一項引入場方程裡是更缺乏理由的，因為它的引入失卻了原有的唯一根據，就是導致宇宙論問題的自然解法。

樣的事實，即某些原子論形式並非以「相似性」而是以「全等性」相關聯的（銳光譜線，原子體積等的存在）。

可是以上的討論是以波動說為基礎的，也許上述假設的某些倡議者會設想光的膨脹過程根本不合於波動說，而多少類似於康普頓效應的情形。設想這種沒有散射的過程就形成了一種假設，這種假設還不能按目前知識的觀點來證實它是對的。它也不能解釋頻率的相對移動為何和原來的頻率無關。因此不得不將赫布耳的發現看成星系的膨脹。

6. 關於「宇宙的起始」（膨脹開始）大約只在 10^9 年前的假定，對它的懷疑有經驗與理論兩重性質的根源。天文學家傾向於將不同光譜類型的星作為根據均勻發展過程所進行的年齡分類，這種過程所需要的時間遠較 10^9 年長久。因此這樣的理論實際上和相對論方程所指出的推論相矛盾。可是依我看來，星體的進化論建立的基礎比較場方程的脆弱。

理論上的懷疑所根據的事實是，膨脹起始時，度規成為奇異的，而密度 ρ 成了無限大。關於這一點，應注意下述情形：目前相對論的依據是，把物理現實分為以度規場（引力）為一方面，而以電磁場與物質為另一方面。實際上空間可能有均勻的特性，而目前的理論可能只作為極限情況才有效。對於很大的場的密度與物質的密度，場方程甚至出現於其中的場變數就都不會有真實意義。所以不得假定方程對於很高的場的密度與物質的密度仍然有效，也不得斷定「膨脹的起始」必須意味著數學意義上的奇異性。總之需要認清方程不得推廣到這樣的區域去。

然而這種考慮並不改變如下的事實，就是按目前存在

的星與星系的發展觀點，「宇宙的起始」眞正構成這樣的開端，當時那些星與星系還沒有作爲單獨的東西而存在。

7. 可是有一些經驗上的論據有利於理論所需的動力空間觀。雖然鈾分解得比較快，而且也看不出有創造鈾的可能，爲何仍然有鈾存在？爲何空間沒有充滿了輻射，使夜間的天空看起來像灼熱的表面呢？這是一個老問題，按穩定的宇宙觀點還至今沒有找到令人滿意的答案。然而研究這類問題就會走得過於遙遠了。

8. 根據所說的這些理由，看來我們還要不顧「壽命」的短促，認眞對待膨脹宇宙的觀念。如果這樣，主要問題就成了空間到底具有正的還是負的空間曲率。關於這一點還想給予如下的討論。

根據經驗的觀點，要作出的決定歸根到底無非是表示式 $\frac{1}{3}\kappa\rho - h^2$ 的值是正的（球狀情況）還是負的（贋球狀情況）的問題。依我看，這是最重要的問題。按目前天文學的狀況，看來根據經驗的判斷不是不可能的。由於 h（赫布耳膨脹恆量）有比較公認的值，一切就依靠以最高可能的準確度測定 ρ。

作出宇宙爲球狀的證明是可以想像的（難於想像能證明它是贋球狀的）。這關係到人們總能給出 ρ 的下界而不能給出上界的事實。情形之所以是這樣，是因爲關於 ρ 究竟有多大一部分屬於天文上無從觀測的（無輻射的）質量，還難於提出意見。我想將這一點討論得稍爲詳細些。

只考慮輻射星體的質量就可以給出 ρ 的一個下界 ρ_s。如

果看起來 $\rho_s > \dfrac{3h^2}{\kappa}$，就會作出贊成球狀空間的判斷。如果看

起來 $\rho_s > \dfrac{3h^2}{\kappa}$，就有必要試圖確定無輻射質量的部分 ρ_d。現

在要證明我們也能求得 $\dfrac{\rho_d}{\rho_s}$ 的一個下界。

設想一天文物件，包含許多單獨的星並可足夠準確地當做穩定的體系，例如球形星團（具有已知視差）。可由光譜觀測獲得的速度能確定引力場（在似乎合理的假定下），於是也就能計算產生這個場的質量。可以將這樣算得的質量和星團中看得見的星的質量相比較，這樣至少對於產生場的質量究竟超過星團中看得見的星的質量到什麼程度，會獲得一個粗略的概算。於是對於這個特殊的星團，就得到關於 $\dfrac{\rho_d}{\rho_s}$ 的估計。

由於無輻射的星平均比輻射的星小，它們和星團中的星所起的相互作用使得它們和較大的星相比，平均傾向於較高的速度。所以和較大的星相比，它們會更快地由星團中向外「蒸發」。因此可以期待星團內部小天體的相對數量會比較外部的小。所以可將 $\left(\dfrac{\rho_d}{\rho_s}\right)_k$（上述星團中的密度關係）當做整個空間裡密度比 $\dfrac{\rho_d}{\rho_s}$ 的一個下界。於是獲得

$$p_s\left[1+\left(\frac{\rho_d}{\rho_s}\right)_k\right]$$

作為空間質量的全部平均密度的一個下界。如果這個量大於 $\dfrac{3h^2}{k}$，就可以斷定空間具有球狀特性。另一方面，我還想不出任何相當可靠的方法來確定 ρ 的一個上界。

　　9. 最後的但不是最不重要的問題：宇宙的年齡，按這裡所用的意義，當然必須超過由放射礦物推斷的堅實地殼的年齡。因為由這些礦物確定年齡在各方面都是可靠的，所以如果發現這裡提出的宇宙學理論和任何這類結果相抵觸，它就被推翻了。在這種情況下，我看不到合理的解答。

愛因斯坦的父親赫爾曼．愛因斯坦（Hermann Einstein），心地善良，喜歡德國文學。

附 錄 II

非對稱場的相對論性理論

廣義相對論邏輯形式嚴謹雅致,囊括內容豐富新穎。它把牛頓引力理論和狹義相對論作爲極限或特例包容其中,它揭示了時空和物理客體的密切關聯。誠如玻恩所言:「廣義相對論是人類認識大自然的最偉大的成果,它把哲學的深奧、物理學的直觀和數學的技藝令人驚嘆地結合在一起。它也是一件偉大的藝術品,供人遠遠欣賞和讚美」。

1889年，慕尼克盧伊波爾德中學的合影。52個男孩中只有愛因斯坦勉強露出一絲笑容（第一排右三）。

　　開始進入本題之前，我打算首先討論一般場方程組的「強度」。這個討論具有本質意義，全然不限於這裡提出的特殊理論。可是為了更深刻地理解我們的問題，這樣的討論幾乎是不可或缺的。

論場方程組的「相容性」與「強度」

　　給定某些場變數和關於它們的一組場方程，後者一般並不完全確定場。關於場方程的解，還留下某些自由的資料。符合場方程組的自由資料的個數愈小，方程組愈「強」。顯然如果沒有任何其他選擇方程的論點，則寧願選取較「強」的方程組而捨棄弱的。我們的目的是為方程組的強度尋求一種量度。將會看到，下這種量度的定義時，甚至可使我們在場變數的個數與類別都不相同的情形下還能互相比較方程組的強度。

　　現在用漸趨複雜的例子來介紹這裡所牽涉的概念與方法，限制於四維的場，並在舉例過程中逐步引入相關的概念。

例一　純量波動方程。[①]

$$\phi_{,11} + \phi_{,22} + \phi_{,33} - \phi_{,44} = 0$$

此處方程組只由一個場變數的一個微分方程組成。假定在一

---

① 以下逗號皆是表示偏導數；因此，例如 $\phi_{,i} = \dfrac{\partial \phi}{\partial x^i}$，$\phi_{,11} = \dfrac{\partial^2 \phi}{\partial x^1 \partial x^1}$ 等等。

點 P 的領域將 ϕ 展開成泰勒級數（預設 ϕ 的解析特性）。於是其全部係數完全描述了函數。n 階係數（就是 ϕ 在 P 點的 n 階導數）的個數等於 $\dfrac{4 \cdot 5 \cdots (n+3)}{1 \cdot 2 \cdots n}$（簡寫成 $\dbinom{4}{n}$），並且如果微分方程沒有包含這些係數間的某些關係，就可以自由地選取所有的係數。由於方程是二階的，將方程微分 $(n-2)$ 次便求出這類關係式。於是為 n 階係數求得 $\dbinom{4}{n-2}$ 個條件。所以保持自由的 n 階係數的個數是

$$z = \binom{4}{n} - \binom{4}{n-2} \tag{1}$$

這個數對於任何 n 都是正的。因此如果確定了所有小於 n 的各階自由係數，則不必改變已選定的係數，總能滿足 n 階係數的條件。

類似推理可應用於幾個方程組成的方程組。如果自由的 n 階係數的個數不小於零，便稱方程組為絕對相容的。今後將限於這樣的方程組。我所知道的所有物理學裡用到的方程組都屬於這一類。

現在重新寫方程 (1)。我們有

$$\binom{4}{n-2} = \binom{4}{n}\frac{(n-1)n}{(n+2)(n+3)} = \binom{4}{n}\left(1 - \frac{z_1}{n} + \frac{z_2}{n^2} \cdots + \cdots\right)$$

其中 $z_1 = +6$。

如果把 n 限於很大的值，就可以不計括弧裡的 $\dfrac{z_2}{n^2}$ 等項，於是對於 (1) 便漸近地有

$$z = \binom{4}{n}\frac{z_1}{n} = \binom{4}{n}\frac{6}{n} \tag{1a}$$

我們稱 z_1 為「自由係數」，在我們的情況下的值是 6。這個係數愈大，相應的方程組便愈弱。

例二　空虛擬空間的麥克斯韋方程。

$$\phi^{is}_{,s} = 0 \ ; \ \phi_{ik,l} + \phi_{kl,i} + \phi_{li,k} = 0$$

借助於

$$\eta^{ik} = \begin{pmatrix} -1 & & & \\ & -1 & & \\ & & -1 & \\ & & & +1 \end{pmatrix}$$

提升反對稱張量 ϕ_{ik} 的協變指標，便得 ϕ^{ik}。

這裡有 4 + 4 個關於六個場變數的場方程。這八個方程中間存在兩個恆等式。如果分別以 G^i 與 H_{ikl} 表示場方程的左邊，恆等式便有形式

$$G^i_{,i} \equiv 0 \ ; \ H_{ikl,m} - H_{klm,i} + H_{lmi,k} - H_{mik,l} = 0$$

關於這個情況，作如下推理。

六個場分量的泰勒展開式供給

$$6\binom{4}{n}$$

個 n 階的係數。將八個一階場方程微分 $(n-1)$ 次，便得到這些 n 階系所必須滿足的條件。所以這些條件的個數是

$$8\binom{4}{n-1}$$

可是這些條件並不彼此獨立，因為在八個方程中間存在兩個二階恆等式。將它們微分 $(n-2)$ 次，便在從場方程得到的條件中間產生了

$$2\binom{4}{n-2}$$

個代數恆等式。於是 n 階自由係數的個數是

$$z = 6\binom{4}{n} - \left[8\binom{4}{n-1} - 2\binom{4}{n-2} \right]$$

z 對於所有的 n 都是正的。因此方程組是「絕對相容的」。如果在右邊提取因數 $\binom{4}{n}$ 並像上面一樣對於很大的 n 展開，就漸近地有

$$z = \binom{4}{n} \left[6 - 8\frac{n}{n+3} + 2\frac{(n-1)n}{(n+2)(n+3)} \right]$$

$$\sim \binom{4}{n} \left[6 - 8\left(1 - \frac{3}{n}\right) + 2\left(1 - \frac{6}{n}\right) \right]$$

$$\sim \binom{4}{n} \left[0 + \frac{12}{n} \right]$$

於是，在這裡 $z_1 = 12$。這表示這個方程組確定場不及純量波動方程的情況裡（$z_1 = 6$）那樣強，並且還表示相差到什麼程度。括弧裡的常數項在這兩種情況下都等於零，顯示一個事實，即所涉及的方程組不會讓四個變數的任何函數自由。

例三　空虛擬空間的引力方程。

將它們寫成如下的形式：

$$R_{ik} = 0 \,;\, gik \,,\, l - g_s k \Gamma_{il}^s - gis\Gamma_{lk}^s = 0 \,。$$

R_{ik} 只含 Γ，並且對於它們是一階的。我們在這裡將 g 與 Γ 當做獨立的場變數。第二個方程表明將 Γ 當做一階導數的量是適宜的，這意味著將泰勒展開式

$$\Gamma = \Gamma_0 + \Gamma_1{}_s x^s + \Gamma_2{}_{st} x^s x^t + \cdots$$

裡面的 Γ_0 當做是一階的，$\Gamma_1{}_s$ 是二階的等。於是必須將 R_{ik} 當做是二階的。這些方程之間存在四個邊齊恆等式；作為所取約定的推斷，應將它們當做是三階的。

　　在一般地協變的方程組裡出現了新的情況：僅由座標變換而互相形成的場應當只認為是同一個場的不同表示。這個情況對於自由係數的正確計數是很重要的。因此 g_{ik} 的

$$10\binom{4}{n}$$

個 n 階係數裡只有一部分是用來表示根本不同的場的特性的。所以實際確定場的展開係數應減少相當的個數，現在必須計算出來。

　　在 g_{ik} 的變換律

$$g_{ik}^* = \frac{\partial x^a}{\partial x^{i*}} \frac{\partial x^b}{\partial x^{k*}} g_{ab}$$

裡，g_{ab} 與 g_{ik}^* 事實上代表同一個場。如果將這個方程對於 x^*

微分 n 次，就會注意到四個函數 x 對於 x^* 的所有 $(n+1)$ 階導數都出現在 g^* 的展開式的 n 階係數裡；就是說，有 $4\binom{4}{n+1}$ 個數對於表示場的特性是沒有份的。因此在任何廣義相對論的理論裡，爲了考慮到理論的普遍協變性，必須從 n 階係數的總數裡減去 $4\binom{4}{n+1}$。於是關於 n 階自由係數的計數就有下述結果。

由十個 g_{ik}（零階導數的量）與四十個 Γ_{ik}^l（一階導數的量）並鑒於剛才得到的修正，便產生

$$10\binom{4}{n}+40\binom{4}{n-1}-4\binom{4}{n+1}$$

個有關的 n 階係數。場方程（10 個二階的與 40 個一階的）供給它們

$$N=10\binom{4}{n-2}+40\binom{4}{n-1}$$

個條件。可是必須從這個數裡減去這 N 個條件中恆等式的個數

$$4\binom{4}{n-3}$$

這些恆等式是由邊齊恆等式（三階的）得來的。因此在這裡求得

$$z=\left[10\binom{4}{n}+40\binom{4}{n-1}-4\binom{4}{n+1}\right]$$
$$-\left[10\binom{4}{n-2}+40\binom{4}{n-1}\right]+4\binom{4}{n-3}$$

再提出因數 $\binom{4}{n}$，便對於很大的 n 漸近地有

$$z = \binom{4}{n}\left[0 + \frac{12}{n}\right]，於是 z_1 = 12$$

在這裡 z 對於所有的 n 也都是正的，所以就上面所下定義的意義而論，方程組是絕對相容的。虛擬空間的引力方程在確定場的強度上恰巧和電磁場情況下的麥克斯韋方程一樣，這是令人驚訝的。

相對論性的場論

一般評述

廣義相對論使物理學沒有需要引入「慣性系」（或諸多慣性系），這就是它的主要成就。這個觀念[2]之所以不能令人滿意是由於下面的緣故：它從所有可想到的坐標系中間挑選出某一些來，而缺乏任何較深厚的基礎。於是假定物理定律（例如慣性定律與光速恆定定律）只對於這類慣性系是有效的。因此由於在物理學體系裡所指派給這種空間的任務，使它顯得和物理描述的所有其他要素不同。它在所有的過程中居於有決定性的地位，它卻不受這些過程的影響。雖然這樣一種理論在邏輯上是可能的，另一方面卻頗不能令人滿意。牛頓曾經充分覺察到這個缺點，可是他也十分了解在當時物理學上沒有其他的途徑。後來物理學家中，尤其是恩斯

---

[2] 指引入慣性系。——中文譯本編者注。

特 · 馬赫，集中注意到這個問題。

在牛頓後的物理學基礎的發展中有哪些革新使得勝過慣性系觀念成為可能的呢？首先是由法拉第與麥克斯韋的電磁理論，並跟著這個理論之後，引入場的概念，或者說得更確切些，是引入場作為獨立而不可再簡化的基本概念。就目前可能判斷的而論，只能將廣義相對論看成一種場論。如果堅持一種看法，認為實在世界是由在相互作用力影響下作運動的質點組成的，則廣義相對論就難於成長。假使有人試圖根據等效原理向牛頓解說慣性質量與引力質量的相等，他勢必不得不以如下的反對意見作答：相對於加速坐標系，物體誠然都經受相同的加速度，就像它們在接近有引力的天體的表面時都經受相同的相對於該天體的加速度一樣。但是在前一情況下，產生加速度的質量在哪裡呢？相對論顯然預設了場的概念的獨立性。

使廣義相對論得以建立起來的數學知識全賴高斯與黎曼的幾何研究。高斯在他的曲面理論裡研究了包藏在三維歐幾里得空間裡的曲面的度規性質，他曾經證明這些性質能用某些概念來描述，這類概念只涉及曲面本身而不涉及它和包藏它的空間的關係。因為一般地說，在曲面上並不存在優越的坐標系，所以這種研究初次導致用通用座標表示有關的量。黎曼將這種二維曲面理論推廣到任意維數的空間（具有黎曼度規的空間，度規的特性以二階對稱張量場表示）。他在這令人欽佩的研究中求得了高維度規空間裡曲率的普遍表示式。

剛才所述創立廣義相對論所需要的基本數學理論的發

展曾有這樣的結果，就是起初將黎曼度規當做廣義相對論，因而也當做避免慣性系，所根據的基礎概念。可是後來利威・契韋塔正確地指出：使避免慣性系成為可能的理論要點不如說是無限小位移場 Γ^i_{ik}。度規或確定它的對稱張量場 g_{ik}，就確定位移場而言，只是間接和慣性系的避免有關。下面的討論將會弄清這一點。

　　從一個慣性系到另一個的過渡是以（特種的）線性變換來確定的。如果在任意隔開的兩點 P_1 與 P_2 分別有兩個向量 $\underset{1}{A^i}$ 與 $\underset{2}{A^i}$，其對應分量彼此相等（$\underset{1}{A^i} = \underset{2}{A^i}$），則在可允許的變換下這個關係是保持了的。倘使在變換公式

$$A^{i*} = \frac{\partial x^{i*}}{\partial x^\alpha} A^\alpha$$

裡，係數 $\frac{\partial x^{i*}}{\partial x^\alpha}$ 和 x^α 無關，向量分量的變換公式便和位置無關。如果限於慣性系，則在不同點 P_1 與 P_2 的兩個向量分量的相等是不變關係。可是如果拋棄慣性系的概念，因而容許任意連續的座標變換，以致 $\frac{\partial x^{i*}}{\partial x^\alpha}$ 依賴於 x^α，則屬於空間不同兩點的兩個向量分量的相等便失卻其不變意義，於是就不再能直接比較在不同點的向量。由於這個事實，在一種廣義相對論的理論裡便不能再用簡單的微分法從既定的張量形成新張量，並且在這樣一種理論裡，不變量的形成總起來就少得多了。這種缺乏是由引用無限小位移場來補償的。正因為它使得在無限接近點的向量有比較的可能，便讓它代替慣性系。下面將從這個概念出發介紹相對論性的場論，注意除去任何對於我們的目的而言是不必要的東西。

無限小位移場 Γ

設 P 點（座標 x^t）的反變向量 A^i 和在無限接近點 $(x^t + dx^t)$ 的向量 $A^i + \delta A^i$ 是由雙線性表示式

$$\delta A^i = -\Gamma^i_{st} A^s dx^t \tag{2}$$

關聯起來的，其中 Γ 是 x 的函數。另一方面，如果 A 是向量場，則 (A^i) 在點 $(x^t + dx^t)$ 的分量等於 $A^i + dA^i$，其中 ③

$$dA^i = A^i_{,t} dx^t$$

於是在鄰近點 $(x^t + dx^t)$，這兩個向量之差本身是向量

$$(A^i_{,t} + A^s \Gamma^i_{st}) dx^t \equiv A^i_t dx^t$$

把向量場在無限接近兩點的分量聯絡起來。由於位移場體現了原先由慣性系供給的這種聯絡，就讓它代替慣性系。括弧裡的式子是張量，簡寫成 A^i_t。

A^i_t 的張量特性確定 Γ 的變換律。首先有

$$A^{i^*}_k = \frac{\partial x^{i^*}}{\partial x^i} \frac{\partial x^k}{\partial x^{k^*}} A^i_k$$

在兩個坐標系裡使用同樣的指標並不意味著它指的是相應的分量，即在 x 與在 x^* 裡的 i 獨立地取由 1 到 4 的標號。透過一些練習便感到這種寫法使方程明晰得多。現在將 $A^{i^*}_k$ 換

---

③ 和以前一樣，「, t」表示尋常導數 $\dfrac{\partial}{\partial x^t}$

成 $A^i_{,k} + A^s \Gamma^i_{sk}$，將 A^i_k 換成 $A^i_{,k} + A^s \Gamma^i_{sk}$，再將 A^i 換成 $\dfrac{\partial x^{i^*}}{\partial x^i} A^i$，將

$\dfrac{\partial}{\partial x^{k^*}}$ 換成 $\dfrac{\partial x^k}{\partial x^{k^*}} \dfrac{\partial x}{\partial x^k}$。這樣就得到一個方程。除了 Γ^* 之外，這個方程只含原系的場量與它們對於原系裡 x 的導數。解方程以求 Γ^*，便獲得所需的變換公式

$$\Gamma^{i^*}_{kl} = \frac{\partial x^{i^*}}{\partial x^i} \frac{\partial x^k}{\partial x^{k^*}} \frac{\partial x^l}{\partial x^{l^*}} \Gamma^i_{kl} - \frac{\partial^2 x^{i^*}}{\partial x^s \partial x^t} \frac{\partial x^s}{\partial x^{k^*}} \frac{\partial x^t}{\partial x^{l^*}} \tag{3}$$

其中右邊第二項可以略爲化簡：

$$- \frac{\partial^2 x^{i^*}}{\partial x^s \partial x^t} \frac{\partial x^s}{\partial x^{k^*}} \frac{\partial x^t}{\partial x^{l^*}}$$

$$= - \frac{\partial}{\partial x^{l^*}} \left(\frac{\partial x^{i^*}}{\partial x^s} \right) \frac{\partial x^s}{\partial x^{k^*}} = - \frac{\partial}{\partial x^{l^*}} \left(\frac{\partial x^{i^*}}{\partial x^{k^*}} \right) + \frac{\partial x^{i^*}}{\partial x^s} \frac{\partial^2 x^s}{\partial x^{k^*} \partial x^{l^*}}$$

$$= \frac{\partial x^{i^*}}{\partial x^s} \frac{\partial^2 x^s}{\partial x^{k^*} \partial x^{l^*}} \tag{3a}$$

我們稱這樣的量爲膺張量。在線性變換下，它變換得像張量一樣；然而對於非線性變換，就需要增加一項，這一項不包含受變換的式子，卻只依賴於變換係數。

關於位移場的附識。

　　1. 將下標易位所獲得的量 $\tilde{\Gamma}^i kl$ （$\equiv \Gamma^i_{lk}$）也按照（3）變換，因此同樣是位移場。

　　2. 使方程（3）對手下標 k^*, l^* 成爲對稱或反對稱，便得到兩個方程

$$\Gamma^{i^*}_{\underline{kl}} \left(= \frac{1}{2} \left(\Gamma^{i^*}_{kl} + \Gamma^{i^*}_{lk} \right) \right)$$

$$= \frac{\partial x^{i^*}}{\partial x^i} \frac{\partial x^k}{\partial x^{k^*}} \frac{\partial x^l}{\partial x^{l^*}} \Gamma^i_{\underline{kl}} - \frac{\partial^2 x^{i^*}}{\partial x^s \partial x^t} \frac{\partial x^s}{\partial x^{k^*}} \frac{\partial x^t}{\partial x^{l^*}}$$

$$\Gamma^{i\cdot}_{kl}\left(=\frac{1}{2}\ (\Gamma^{i\cdot}_{kl}-\Gamma^{i\cdot}_{lk})\right)=\frac{\partial x^{i^*}}{\partial x^i}\frac{\partial x^k}{\partial x^{k^*}}\frac{\partial x^l}{\partial x^{l^*}}\ \Gamma^{i}_{kl}$$

所以Γ^i_{kl}的兩個（對稱的與反對稱的）成分變換時彼此獨立，即不相混合。因此按變換律的觀點，它們表現為獨立的量。第二個方程表明Γ^i_{kl}變換得像張量。所以從變換群的觀點看來，好像起初將這兩個成分相加而合成單一的量是不自然的。

3. 另一方面，Γ 的兩個下標在定義方程 (2) 裡有著全然不同的地位，因此沒有強制的理由用對於下標對稱的條件來限制 Γ。然而倘使真這樣做，就會導致純粹引力場的理論。可是如果不讓 Γ 接受限制性的對稱條件；就會獲致依我看來是引力定律的自然推廣。

曲率張量

雖然 Γ 場本身並沒有張量特性，它卻暗示著一個張量的存在。最容易獲得這個張量的辦法是按照 (2) 將向量 A^i 沿無限小的二維面元素的周界移動並計算其一周的變化。這個變化具有向量特性。

設x^i_0是周界上一個固定點的座標而 x^i 是上面另一點的座標。於是 $\xi^i = x^i- x^i_0$對於周界上所有的點都是微小的，並且可用來當做數量級的定義基礎。

於是按更明顯的寫法，要計算的積分中 $\oint \delta A^i$ 就是

$$-\oint \Gamma^i_{st}\ A^s dx^t\ \text{或} -\oint \Gamma^i_{st}\ A^s d\xi^t$$

在被積函數裡的量下面的橫線表示應按周界上相繼的各點
（而不是按起始點 $\zeta^t = 0$）取它們的值。

　　首先按最低的近似程度計算 A^i 在周界上任意點 ζ^t 的值。
現在就經過路線計算的積分裡將 $\underline{\Gamma^i_{st}}$ 與 $\underline{A^s}$ 代之以 Γ^i_{st} 與 A^s 在積
分起始點（$\zeta^t = 0$）的值，便獲得這種最低的近似值。於是
由積分得到

$$\underline{A^i} = A^i - \Gamma^i_{st} A^s \int d\xi^t = A^i - \Gamma^i_{st} A^s \xi^t$$

這裡略去不計的是 ζ 的二階或高階項。立即又以同樣的近似
程度獲得

$$\underline{\Gamma^i_{st}} = \Gamma^i_{st} + \Gamma^i_{st,r} \xi^r$$

將這些表示式代入上面的積分，適當選取連加指標，便首先
有

$$-\oint (\Gamma^i_{st} + \Gamma^i_{st,q} \xi^q)(A^s - \Gamma^s_{pq} A^p \xi^q) d\xi^t$$

其中除了 ζ 之外，所有的量都須按積分起始點取值。然後求
得

$$-\Gamma^i_{st} A^s \oint d\xi^t - \Gamma^i_{st,q} A^s \oint \xi^q d\xi^t + \Gamma^i_{st} \Gamma^s_{pq} A^p \oint \xi^q d\xi^t$$

其中各個積分都是經過閉合周界計算的（第一項等於零，因
為它的積分等於零）和 $(\zeta)^2$ 成比例的一項是高階的，所以略
去。其他兩項可合併成

$$[-\Gamma^i_{st,q} + \Gamma^i_{st} \Gamma^s_{pq}] A^p \oint \xi^q d\xi^t$$

這就是向量 A^i 沿周界移動後的變化 ΔA^i。我們有

$$\oint \xi^q d\xi^t = \oint d(\xi^q \xi^t) - \oint \xi^t d\xi^q = -\oint \xi^t d\xi^q$$

因此這個積分按 t 與 q 是反對稱的，此外它有張量特性。用 $f_\vee^{tq}$ 表示它。如果 f^{tq} 是任意的張量，則 ΔA^i 的向量特性就意味著往上倒數第二個公式方括號裡的式子的張量特性。既然如此，只有使括弧裡的式子對於 t 與 q 反對稱，才能推斷它的張量特性。這樣就有曲率張量

$$R^i_{klm} \equiv \Gamma^i_{kl,m} - \Gamma^i_{km,l} - \Gamma^i_{sl}\Gamma^s_{km} + \Gamma^i_{sm}\Gamma^s_{kl} \qquad (4)$$

所有指標的位置就由此確定。按 i 與 m 降階，得到降階曲率張量

$$R_{ik} \equiv \Gamma^s_{ik,s} - \Gamma^s_{is,k} - \Gamma^s_{it}\Gamma^t_{sk} + \Gamma^s_{ik}\Gamma^t_{st} \qquad (4a)$$

λ 變換

曲率有一種性質，在以後很重要。可以對於位移場 Γ 按下列公式對 Γ^* 下新的定義：

$$\Gamma^{i^*}_{ik} = \Gamma^i_{ik} + \delta^i_i \lambda_{,k} \qquad (5)$$

其中 λ 是座標的任意函數，而 δ^i_i 是克羅內克爾張量（「λ 變換」）。如果形成 $R^i_{klm}(\Gamma^*)$ 而將 Γ^* 換成 (5) 的右邊，λ 消去了，所以有

$$與 \quad \begin{aligned} R^i_{klm}(\Gamma^*) &= R^i_{klm}(\Gamma) \\ R_{ik}(\Gamma^*) &= R_{ik}(\Gamma) \end{aligned} \Bigg\} \qquad (6)$$

曲率在 λ 變換下是不變的（「λ 不變性」）。因此只在曲率張量裡含有 Γ 的理論不能完全確定 Γ 場，而只確定到保持任意的函數 λ。在這樣的理論裡，應認為 Γ 與 Γ^* 都在表示同一個場，就像 Γ^* 只是用座標變換從 Γ 得來的一樣。

值得注意的是和座標變換相反，λ 變換從對於 i 與 k 對稱的 Γ 產生出不對稱的 Γ^*。Γ 的對稱條件在這樣的理論裡失去了客觀意義。

以後將看到，λ 不變性的主要意義在於它對於場方程組的「強度」有影響。

「易位不變性」的要求

非對稱場的引入遭遇如下的困難。如果 Γ^l_{ik} 是位移場，則 $\tilde{\Gamma}^l_{ik}(=\Gamma^l_{ki})$ 也是。如果 gik 是張量，則 $\tilde{g}ik(=gki)$ 也是。結果使大量協變的形成不能單獨按相對性原理從中進行選擇。現在舉例說明這個困難並指出它如何能按自然的方式加以克服。

在對稱場的理論裡，張量

$$(W_{ikl} \equiv) gik, l - g_{sk}\Gamma^s il - g_{is}\Gamma^s_{lk}$$

占著重要地位。如果設它等於零，就得到一個方程，這個方程容許用 g 表示 Γ，即能消去 Γ。從下列事實出發：(1) 如

早先所證，$A^l_t \equiv A^i_{.t} + A^s \Gamma^i_{st}$ 是張量，(2) 任意反變張量都能以形式 $\sum_t A^i_{(t)} B^k_{(t)}$ 表示；不難證明上面的表示式也有張量特性，如果 g 與 Γ 的場不再是對稱的。

然而在後面的情況下，譬如，如果將末項裡的 Γ^s_{lk} 移位，即換成 $\tilde{\Gamma}^s_{lk}$，則張量特性並未失去〔這是由於 $g_{is}(\Gamma^s_{kl} - \Gamma^s_{lk})$ 是張量〕。還有別的形成，縱然不完全如此簡單，卻保持張量特性並可當做把上面式子推廣到非對稱場的情況去。因而如果需要將 g 與 Γ 間的關係引申到非對稱場，這個關係式是由令上面式子等於零而獲得的，則這樣似乎包含一種隨意的選擇。

但是上面的形成具有一種性質，使它區別於其他可能的形成。如果在它裡面同時將 gik 與 Γ^s_{ik} 分別換成 $\tilde{g}ik$ 與 $\tilde{\Gamma}^s_{ik}$，然後互換指標 i 與 k，則變成了它自己：它對於指標 i 與 k 是「易位對稱」的。令這個式子等於零而獲得的方程是「移位不變」的。設 g 與 Γ 是對稱的，則這個條件當然也是滿足的；它是場量對稱條件的推廣。

假設非對稱場的場方程是易位不變的。我想這個假設，就物理學來說，相當於要求正極與負極對稱地位在物理學定律裡。

看一下 (4a) 便知道張量 R_{ik} 不是完全易位對稱的，因為它易位後變成

$$(R^*_{ik}=)\Gamma^s_{ik,s} - \Gamma^s_{sk,i} - \Gamma^s_{it}\Gamma^t_{sk} + \Gamma^s_{ik}\Gamma^t_{ts} \qquad (4b)$$

這個情況是試圖建立易位不變的場方程時遭受困難的根源。

贋張量 U_{ik}^l

發生的事情是引用略爲不同的贋張量 U_{ik}^l 代替 Γ_{ik}^l 能夠由 R_{ik} 形成易位對稱張量。可以將 (4a) 裡線性地含有 Γ 的兩項在形式上合併成單獨一項。將 $\Gamma_{ik,s}^s - \Gamma_{is,k}^s$ 換成 $(\Gamma_{ik}^s - \Gamma_{it}^t\delta_k^s)$，並以方程

$$U_{ik}^l \equiv \Gamma_{ik}^l - \Gamma_{it}^t\delta_k^l \tag{7}$$

定義新的贋張量 U_{ik}^l。因爲由 (7) 按 k 與 l 降階，有

$$U_{it}^t = -3\Gamma_{it}^t$$

所以得到下列以 U 表示 Γ 的式子：

$$\Gamma_{ik}^l = U_{ik}^l - \frac{1}{3}U_{it}^t\delta_k^l \tag{7a}$$

將它們代入 (4a)，求得以 U 表示的降階曲率張量

$$S_{ik} \equiv U_{ik,s}^s - U_{it}^s U_{sk}^t + \frac{1}{3}U_{is}^s U_{tk}^t \tag{8}$$

然而這個表示式是易位對稱的。正是這個事實使得贋張量 U 對於非對稱場論非常有用。

U 的 λ 變換　如果在 (5) 裡將 Γ 換成 U，則透過簡單的計算便得到

$$U_{ik}^{l*} = U_{ik}^l + (\delta_i^l\lambda_{,k} - \delta_k^l\lambda_{,i}) \tag{9}$$

這個方程確定了 U 的 λ 變換。(8) 對於這個變換是不變的 $[S_{ik}(U^*) = S_{ik}(U)]$。

U 的變換律　如果借助於 (7a)，在 (3) 與 (3a) 裡將 Γ 換成 U，便得到

$$U_{ik}^{l^*} = \frac{\partial x^{l^*}}{\partial x^l} \frac{\partial x^i}{\partial x^{i^*}} \frac{\partial x^k}{\partial x^{k^*}} U_{ik}^l + \frac{\partial x^{l^*}}{\partial x^s} \frac{\partial^2 x^s}{\partial x^{i^*} \partial x^{k^*}} - \delta_{k^*}^{l^*} \frac{\partial x^{l^*}}{\partial x^s} \frac{\partial^2 x^s}{\partial x^i \partial x^{i^*}} \quad (10)$$

注意即使用相同的字母，有關兩系的指標仍然彼此獨立地取所有從 1 到 4 的標號。關於這個公式，值得注意的是：由於末項，它對於指標 i 與 k 不是易位對稱的。證明這個變換可當做易位對稱的座標變換與 λ 變換的組合，便能弄清楚這個特殊情形。為了看出這一點，先將末項寫成下列形式：

$$-\frac{1}{2}\left[\delta_{k^*}^{l^*} \frac{\partial x^{l^*}}{\partial x^s} \frac{\partial^2 x^s}{\partial x^i \partial x^{l^*}} + \delta_{i^*}^{l^*} \frac{\partial x^{l^*}}{\partial x^s} \frac{\partial^2 x^s}{\partial x^{k^*} \partial x^{l^*}}\right]$$

$$+\frac{1}{2}\left[\delta_{i^*}^{l^*} \frac{\partial x^{l^*}}{\partial x^s} \frac{\partial^2 x^s}{\partial x^{k^*} \partial x^{l^*}} - \delta_{k^*}^{l^*} \frac{\partial x^{l^*}}{\partial x^s} \frac{\partial^2 x^s}{\partial x^{i^*} \partial x^{l^*}}\right]$$

兩項中的第一項是移位對稱的。讓它和 (10) 的右邊前兩項合併成表示式 $K_{ik}^{l^*}$。現在考慮在變換

$$U_{ik}^{l^*} = K_{ik}^{l^*}$$

後面又隨之以 λ 變換

$$U_{ik}^{l^{**}} = U_{ik}^{l^*} + \delta_{i^*}^{l^*} \lambda_{,k^*} - \delta_{k^*}^{l^*} \lambda_{,i^*}$$

所獲得的結果。這個組合產生

$$U_{ik}^{l^{**}} = K_{ik}^{l^*} + (\delta_{i^*}^{l^*} \lambda_{,k^*} - \delta_{k^*}^{l^*} \lambda_{,i^*})$$

這意味著：倘若能將 (10a) 的第二項化為形式 $\delta_{i^*}^{l^*} \lambda_{,k^*} - \delta_{k^*}^{l^*} \lambda_{,i^*}$，

則可將 (10) 當做這樣的組合。為此只須證明存在 λ 能使

$$\frac{1}{2}\frac{\partial x^{t'}}{\partial x^s}\frac{\partial^2 x^s}{\partial x^{k'}\partial x^{t'}}=\lambda_{,k'}\tag{11}$$

$$\left(\text{與}\ \frac{1}{2}\frac{\partial x^{t'}}{\partial x^s}\frac{\partial^2 x^s}{\partial x^{i'}\partial x^{t'}}=\lambda_{,i'}\right)$$

為了變換至今還是假定的方程的左邊,必須先以反變換的係數 $\dfrac{\partial x^a}{\partial x^{b'}}$ 表示 $\dfrac{\partial x^{t'}}{\partial x^s}$。一方面

$$\frac{\partial x^p}{\partial x^{t'}}\frac{\partial x^{t'}}{\partial x^s}=\delta^p_s\tag{a}$$

另一方面

$$\frac{\partial x^p}{\partial x^{t'}}V^s_t=\frac{\partial x^p}{\partial x^{t'}}\frac{\partial D}{\partial\left(\dfrac{\partial x^s}{\partial x^{t'}}\right)}=D\delta^p_s$$

這裡 V^s_t 表示 $\dfrac{\partial x^p}{\partial x^{t'}}$ 的餘因數,並可表示成行列式 $D=\left|\dfrac{\partial x^a}{\partial x^{b'}}\right|$ 對於 $\dfrac{\partial x^s}{\partial x^{t'}}$ 的導數。所以又有

$$\frac{\partial x^p}{\partial x^{t'}}\cdot\frac{\partial\ln D}{\partial\left(\dfrac{\partial x^s}{\partial x^{t'}}\right)}=\delta^p_s\tag{b}$$

從 (a) 與 (b) 得到

$$\frac{\partial x^{t'}}{\partial x^s}=\frac{\partial\ln D}{\partial\left(\dfrac{\partial x^s}{\partial x^{t'}}\right)}\ \text{。}$$

由於這個關係,可將 (11) 的左邊寫成

$$\frac{1}{2}\frac{\partial\ln D}{\partial\left(\dfrac{\partial x^s}{\partial x^{t'}}\right)}\left(\frac{\partial x^s}{\partial x^{t'}}\right)_{,k'}=\frac{1}{2}\frac{\partial\ln D}{\partial x^{k'}}$$

這意味著

$$\lambda = \frac{1}{2}\ln D$$

的確滿足 (11)。這就證明了能將 (10) 當做易位對稱變換

$$U_{ik}^{l^*} = \frac{\partial x^{l^*}}{\partial x^l}\frac{\partial x^i}{\partial x^{i^*}}\frac{\partial x^k}{\partial x^{k^*}}U_{ik}^l + \frac{\partial x^{l^*}}{\partial x^s}\frac{\partial^2 x^s}{\partial x^{i^*}\partial x^{k^*}}$$

$$-\frac{1}{2}\left[\delta_k^{l^*}\frac{\partial x^{l^*}}{\partial x^s}\frac{\partial^2 x^s}{\partial x^{i^*}\partial x^{t^*}} + \delta_o^{l^*}\frac{\partial x^{t^*}}{\partial x^s}\frac{\partial^2 x^s}{\partial x^{k^*}\partial x^{t^*}}\right] \tag{10b}$$

與 λ 變換的組合。於是可用 (10b) 代替 (10) 作為 U 的變換公式。只改變表示形式的任何 U 場的變換都能表示成按照 (10b) 的座標變換與 λ 變換的組合。

變分原理與場方程

由變分原理導出場方程有這樣的優點：保證所獲方程組的相容性並系統地獲得關係到普遍協變性的恆等式，「邊齊恆等式」，以及守恆定律。

應變分的積分要求以純量密度作為被積函數$\mathfrak{H}$。最簡單的程式是分別在 Γ 或 U 之外另添權數為 1 的張量密度 g^{ik}，令

$$\mathfrak{H} = g^{ik}R_{ik}(= g^{ik}S_{ik}) \tag{12}$$

g^{ik} 的變換律必須是

$$g^{ik^*} = \frac{\partial x^{i^*}}{\partial x^i}\frac{\partial x^{k^*}}{\partial x^k}g^{ik}\left|\frac{\partial x^t}{\partial^{t^*}}\right| \tag{13}$$

其中不顧同樣字母的使用，又將有關不同坐標系的指標作為是彼此獨立的。果然獲得

$$\int \mathfrak{H}^* d\tau^* = \int \frac{\partial x^{i'}}{\partial x^i} \frac{\partial x^{k'}}{\partial x^k} g^{ik} \left| \frac{\partial x^t}{\partial t^*} \right| \cdot \frac{\partial x^s}{\partial x^{i'}} \frac{\partial x^t}{\partial x^{k'}} S_{st} \left| \frac{\partial x^{r'}}{\partial x^r} \right| d\tau = \int \mathfrak{H} d\tau$$

即積分對於變換是不變的。此外，積分對於 λ 變換 (5) 或 (9) 是不變的，因為分別以 Γ 或 U 表示的 R_{ik}，因而還有 $\mathfrak{H}$，對於 λ 變換是不變的。由此知道應由取 $\int \mathfrak{H} d\tau$ 的變分而導出的場方程對於座標和對於 λ 變換也是協變的。

　　但是我們又假定場方程對於 g、Γ 兩場或 g、U 兩場應是易位不變的。如果 $\mathfrak{H}$ 是易位不變的，這就有保證。已知如果用 U 表示，R_{ik} 是易位對稱的；如果以 Γ 表示，就不是。因此只有在 g^{ik} 之外引入 U（而不是引入 Γ）作為場變數，$\mathfrak{H}$ 才是易位不變的。在那種情況下，我們從開始就確信取場變數的變分而由 $\int \mathfrak{H} d\tau$ 匯出的場方程是易位不變的。

　　取 $\mathfrak{H}$〔方程 (12) 與 (8)〕對於 g 與 U 的變分，求得

$$
\begin{aligned}
\text{其中} \quad & \delta \mathfrak{H} = S_{ik} \delta g^{ik} - \mathfrak{T}_l^{ik} \delta U_{ik}^l + (g^{ik} \delta U_{ik}^s)_{,s} \\
& S_{ik} = U_{ik,s}^s - U_{it}^s U_{sk}^t + \frac{1}{3} U_{is}^s U_{ik}^t \\
& \mathfrak{R}_i^{ik} = g_{,i}^{ik} + g^{sk} \left(U_{sl}^i - \frac{1}{3} U_{sl}^t \delta_l^i \right) \\
& \qquad + g^{is} \left(U_{ls}^k - \frac{1}{3} U_{ts}^t \delta_i^k \right)
\end{aligned}
\tag{14}
$$

場方程

我們的變分原理是

$$\delta\left(\int \mathfrak{H} d\tau\right) = 0 \qquad (15)$$

應獨立地取 g^{ik} 與 U_{ik}^l 的變分,它們的變分在積分區域的邊界上等於零。這個變分首先給出

$$\int \delta \mathfrak{H} d\tau = 0$$

如果在此將 (14) 裡所給定的式子代入,則 $\delta\mathfrak{T}$ 的表示式的末項無任何貢獻,因為 δU_{ik}^l 在邊界上等於零。因此獲得場方程

$$S_{ik} = 0 \qquad (16a)$$
$$\mathfrak{R}_{lk} = 0 \qquad (16b)$$

它們對於座標變換和對於 λ 變換是不變的,並且也是易位不變的,這是從變分原理的選擇就已經明白了的。

恆等式

這些場方程並不彼此獨立。在它們中間存在 $4+1$ 個恆等式。就是說,在它們的左邊之間存在 $4+1$ 個方程,這些方程總是有效,不論 g–U 場是否滿足場方程。

用一種大家熟悉的方法,根據 $\int \mathfrak{H} d\tau$ 對於座標變換和對於 λ 變換不變的事實,可以導出這些恆等式。

　　因為如果將由無限小座標變換或無限小 λ 變換所分別產生的變分 δ_g 與 δU 代入 $\delta\mathfrak{H}$，則由 $\int\mathfrak{H}d\tau$ 的不變性就知道它的變分恆等於零。

　　無限小座標變換用

$$x^{i*} = x^i + \xi^i \tag{17}$$

描述，其中 ξ^i 是任意的無限小向量。現在必須用方程 (13) 與 (10b) 以 ξ^i 表示 δg^{ik} 與 δU_{ik}^l。由於 (17)，必須

將 $\dfrac{\partial x^{a*}}{\partial x^b}$ 換 成 $\delta_b^a + \xi_{,b}^a$，將 $\dfrac{\partial x^a}{\partial x^{b*}}$ 換 成 $\delta_b^a - \xi_{,b}^a$，

並略去按 ξ 是高於一階的所有各項。於是獲得

$$\delta g^{ik}(= g^{ik*} - g^{ik}) = g^{sk}\xi_{,s}^i + g^{is}\xi_{,s}^k - g^{ik}\xi_{,s}^s + [-g_{,s}^{ik}\xi^s], \tag{13a}$$

$$\delta U_{ik}^l(= U_{ik}^{l*} - U_{ik}^l) = U_{ik}^s\xi_{,s}^i - U_{sk}^l\xi_{,i}^s - U_{is}^l\xi_{,k}^s + \xi_{,ik}^l + [-U_{ik,s}^l\xi^s]$$
$$\tag{10c}$$

在此須注意如下情形：變換公式給出場變數對於連續區域裡同一點的新值。上面指出的計算首先給出 δg^{ik} 與 δU_{ik}^l 的表示式，不帶方括號裡的項。另一方面，δg^{ik} 與 δU_{ik}^l 在變分法裡表示對於固定座標值的變分。要得到這些，就須加上方括號裡的項。

　　如果將這些「變換變分」δg 與 δU 代入 (14)，積分 $\int\mathfrak{H}d\tau$ 的變分就恆等於零。如果再選擇 ξ^l 使它們連同它們的一階導數在積分區域的邊界上化為零，則 (14) 裡的末項便無貢獻。因此如果將 δg^{ik} 與 δU_{ik}^l 換成表示式 (13a) 與 (10c)，則積分

$$\int (S_{ik}\delta g^{ik} - \mathfrak{R}_l^{ik}\delta U_{ik}^l)d\tau$$

恆等於零。因為這個積分線性的且齊次性的依賴於 ξ^i 與它們的導數，用迭次換部積分法可將它化成形式

$$\int \mathfrak{M}_i \xi^i d\tau$$

其中 $\mathfrak{M}_i$ 是（按 S_{ik} 為一階而按 $\mathfrak{R}_l^{ik}$ 為二階的）已知式。由此得恆等式

$$\mathfrak{M}_i \equiv 0 \qquad\qquad (18)$$

這些是有關場方程左邊 S_{ik} 與 $\mathfrak{R}_l^{ik}$ 的四個恆等式，它們相當於邊齊恆等式。按照以前引用的命名法，這些恆等式是三階的。

存在第五個恆等式，相當於積分 $\int \mathfrak{H} d\tau$ 對於無限小 λ 變換的不變性。在此需將

$$\delta g^{ik} = 0 \text{，} \delta U_{ik}^l = \delta_i^l \lambda_{,k} - \delta_k^l \lambda_{,i}$$

代入 (14)，其中 λ 是無限小的並且在積分區域的邊界上等於零。首先有

$$\int \mathfrak{R}_l^{ik}(\delta_i^l \lambda_{,k} - \delta_k^l \lambda_{,i})d\tau = 0$$

或在換部積分之後，獲得

$$2\int \mathfrak{R}_{\overset{is}{s},i}^{is}\lambda d\tau = 0$$

〔其中普遍有 $\mathfrak{R}_l^{ik} = \frac{1}{2}(\mathfrak{R}_l^{ik} - \mathfrak{R}_l^{ki})$〕。

這便給出所需的恆等式

$$\mathfrak{R}_{s,i}^{is} \equiv 0 \qquad (19)$$

按我們的命名法，這是二階的恆等式。對於 $\mathfrak{R}_s^{is}$，由 (14) 直接計算，獲得

$$\mathfrak{R}_s^{is} \equiv g_{,s}^{is} \qquad (19\text{a})$$

於是如果場方程 (16b) 能滿足，就有

$$g_{,s}^{is} = 0 \qquad (16\text{c})$$

對物理解釋的附識　和麥克斯韋的電磁場論比較，便提示一種解釋，認為 (16c) 表示磁流密度等於零。如果承認這一點，便也知道應當用什麼式子表示電流密度。可以給張量密度 g^{ik} 指定張量 g^{ik}，令

$$g^{ik} = g^{ik}\sqrt{-|g_{st}|} \qquad (20)$$

其中協變張量 g_{ik} 用方程

$$g_{is}g^{ks} = \delta_i^k \qquad (21)$$

和反變張量相關聯。由這兩個方程得到

$$g^{ik} = g^{ik}(-|g^{st}|)^{-\frac{1}{2}}$$

然後由方程 (21) 得到 g_{ik}。於是可假定

$$(a_{ikl}) = g_{ik,l} + g_{kl,i} + g_{li,k} \qquad (22)$$

或

$$\alpha^m = \frac{1}{6}\eta^{iklm}a_{ikl} \tag{22a}$$

表示電流密度，其中 η^{iklm} 是利威・契韋塔的張量密度（具有分量 ± 1），它按所有的指標都是反對稱的。這個量的散度恆等於零。

方程組(16a)，(16b)的強度

在這裡應用上述計數方法時，必須考慮到以形式 (9) 的 λ 變換從既定的 U 獲得的所有的 U^* 其實代表同一 U 場。這就有這樣的推論：U^i_{lk} 展開式的 n 階係數包含著 $\binom{4}{n}$ 個 λ 的 n 階導數，其選擇對於區別實際不同的 U 場是無關重要的。因此和 U 場計數有關的展開係數的個數就減少 $\binom{4}{n}$。對於自由的 n 階係數的個數，用計數方法獲得

$$\begin{aligned} z = &\left[16\binom{4}{n} + 64\binom{4}{n-1} - 4\binom{4}{n+1} - \binom{4}{n} \right] - \\ &\left[16\binom{4}{n-2} + 64\binom{4}{n-1} \right] + \\ &\left[4\binom{4}{n-3} + \binom{4}{n-2} \right] \end{aligned} \tag{23}$$

第一個方括號代表描述 g–U 場特性的有關 n 階係數的總數，第二個代表由於存在場方程而須減少的個數，第三個方括號給出因為恆等式 (18) 與 (19) 而對於這個減少所作的修正。計算對於很大的 n 的漸近值，求得

$$z = \binom{4}{n}\frac{z_1}{n} , \tag{23a}$$

其中

$$z_1 = 42 \text{。}$$

因此非對稱場的場方程比較純粹引力場的要弱得多。

　　λ 不變性對於方程組強度的影響　有人也許想從易位不
變式

$$\mathfrak{H} = \frac{1}{2}(g^{ik}R_{ik} - \tilde{g}^{ik}\tilde{R}_{ik})$$

出發（代替引用 U 作爲場變數），導致理論的易位不變性。
所得的理論當然和上述的不同。能證明對於這個 $\mathfrak{H}$ 就不存在
λ 不變性。在此也獲得 (16a)、(16b) 類型的場方程，它們是
（對於 g 與 Γ）易位不變的。然而在它們中間只存在四個「邊
齊恆等式」。如果將計數方法應用於這個方程組，則在相當
於 (23) 的方程裡缺少第一個方括號裡的第四項與第三個方
括號裡的第二項。我們得到

$$z_1 = 48$$

可見方程組比較我們選擇的要弱些，所以丟棄不用。

　　和前面場方程組的比較　這是由下面給定的：

$$\Gamma^s_{\underset{\vee}{is}} = 0 \qquad\qquad R_{\underline{ik}} = 0$$
$$g_{ik,l} - g_{sk}\Gamma^s_{\underset{\vee}{il}} - g_{is}\Gamma^s_{\underset{\vee}{lk}} = 0, R_{ik,l} + R_{kl,i} + R_{li,k} = 0$$

其中 R_{ik} 由 (4a) 定義成 Γ 的函數（而其中 $\underline{R}_{ik}=\frac{1}{2}(R_{ik}+R_{ki})$，$\underset{\vee}{R}_{ik}=\frac{1}{2}(R_{ik}-R_{ki})$）。

這個方程組完全等效於新方程組 (16a)、(16b)，因為它是用變分法從同一積分導出的。它對於 g_{ik} 與 Γ^l_{ik} 是易位不變的。可是有區別如下。應取變分的積分本身並不是易位不變的，取其變分而首先獲得的方程組也不是；不過它對於 λ 變換 (5) 是不變的。為了在此獲得易位不變性，需要應用一種技巧。形式上引用四個新的場變數 λ_i，取變分之後選擇它們，使得方程 $\underset{\vee}{\Gamma}^s_{is}=0$ 被滿足④。於是將對於 Γ 取變分而獲得的方程化成指定的易位不變形式。然而 R_{ik} 方程仍舊含有輔助變數 λ_i。可是能夠消去它們，這就如上述那樣導致這些方程的分解。於是得到的方程也是（對於 g 與 Γ）易位不變的。

假定方程 $\underset{\vee}{\Gamma}^s_{is}=0$ 造成 Γ 場的歸一化，它取消掉方程組的 λ 不變性。作為結果，並非 Γ 場的所有等效表示都能成為這個方程組的解。這裡發生的情況，可以和純粹引力場方程附加上限制座標選擇的任意方程的程式相比較。在我們的情況下，方程組還變得不必要地複雜起來。從對於 g 與 U 是易位不變的變分原理出發，始終用 g 與 U 作為場變數，便可在新的表示裡避免這些困難。

---

④ 令 $\Gamma^{l*}_{ik}=\Gamma^l_{ik}+\delta^l_i\lambda_k$。

散度定律和動量與能量的守恆定律

　　如果滿足了場方程並且變分又是變換變分，則在 (14) 裡不僅 S_{ik} 與 $\mathfrak{N}_i^k$ 等於零，而且 $\delta\mathfrak{H}$ 也是，所以場方程意味著方程

$$(g^{ik}\delta U_{ik}^s)_{,s} = 0$$

其中 δU_{ik}^s 由 (10c) 給定。這個散度定律對於向量 ξ^i 的任何選擇都是有效的。最簡單的特殊選擇，就是 ξ^i 不依賴 x，會引致四個方程

$$\mathfrak{T}_{t,s}^s \equiv (g^{ik}U_{ik,t}^s)_{,s} = 0$$

這些可當做動量與能量的守恆方程來解釋與應用。須注意這樣的守恆方程絕不是由場方程組唯一確定的。按照方程

$$\mathfrak{T}_t^s \equiv g^{ik}U_{ik,t}^s$$

能流密度（$\mathfrak{T}_4^1$，$\mathfrak{T}_4^2$，$\mathfrak{T}_4^3$）以及能量密度$\mathfrak{T}_4^4$對於不依賴 x^4 的場都等於零。從此可以推斷：按照這個理論，沒有奇異性的穩定場絕不能描述異於零的質量。

　　如果採用前面的確定場方程的辦法，則守恆定律的推導以及形式就變得複雜多了。

一般評注

甲　我的意見認爲這裡介紹的理論是有可能的、邏輯上最簡單的相對論性場論。然而這並不意味著自然就不會遵從較複雜的場論。

較複雜的場論曾屢次被提出。它們可按下列特徵加以分類：

（一）增加連續區域的維數。在這種情況下必須解釋爲何連續區域外觀上限於四維。

（二）在位移場及其相關的張量場 g_{ik}（或 g^{ik}）之外另添不同種類的場（譬如向量場）。

（三）引用高階（導數的）場方程。

依我看，考慮這種較複雜的體系和它們的組合，只有存在著應該這樣做的物理經驗的理由時才應進行。

乙　場論還沒有完全爲場方程組所確定，是否容許奇異性的出現？是否須假定邊界條件？關於第一個問題，我的意見是必須排除奇異性。將場方程對於它不成立的點（或線等等）引入連續區域的理論裡，依我看是不合理的。並且引入奇異性就等於在緊密包圍奇異地點的「曲面」上假設邊界條件（這按場方程的觀點是任意的）。沒有這樣的假設，理論便過於模糊。我認爲第二個問題的答案是：邊界條件的假設是免不了的。我舉一個初等的例子說明這一點。可以將形式爲 $\phi = \Sigma \dfrac{m}{r}$ 的勢的假設和在質點外面（三維裡）滿足方程 $\Delta\phi$ 的陳述相比較。但是如果不加上 ϕ 在無限遠處化

爲零（或保持有限）的邊界條件，就存在是 x 的整函數$\left[\text{例}\right.$如$\left. x_1^2 - \frac{1}{2}(x_2^2 + x_3^2)\right]$且在無限遠處成爲無限大的解。如果是「開啓」空間，則只有假定邊界條件才能排除這樣的場。

　　丙　　可否想像場論讓人理解「實在」的原子論的和量子的結構？幾乎每人都將對這個問題作否定的答覆。但是我相信目前關於它並沒有人知道任何可靠的論據。其所以如此是因爲我們不能判斷奇異性的排除將怎樣減少解的多樣性並達到什麼程度。我們並無任何方法可以系統地獲得沒有奇異性的解。近似法不適用，因爲對於特殊的近似解，從來不知道是否存在沒有奇異性的精確解。爲了這個理由，目前就無法將非線性場論的內容和經驗相比較。只有數學方法上的重大進展才能對此有所助益。目前盛行的意見認爲場論必須通過「量子化」，按照大致確定了的規則首先化爲場幾率的統計理論。我在這個方法裡只看到試圖用線性方法來描述具有本質上非線性特徵的關係。

　　丁　　人們可以提出很好的理由，說爲什麼完全不能以連續場表示「實在」。從量子現象看，似乎肯定知道：具有有限能量的有限系統可以完全用有限的數集（量子數）來描述。這看來並不符合連續理論，而且必然會導致爲描述「實在」而尋求純粹代數理論的企圖。但是無人知道怎樣獲得這種理論的基礎。

愛因斯坦的母親保利娜 · 愛因斯坦 · 科赫（Pauline Einstein, nee Koch），個性堅強，是一位有才華的鋼琴家。

附 錄 Ⅲ

什麼是相對論？*

　　構造性理論的優點是完備性、適應性和靈活性；原理性理論的優點則是邏輯完美和基礎可靠。

　　相對論屬於後一類。為了掌握它的本質，首先需要了解它所根據的原理。然而在繼續講述之前我必須首先指出，相對論有點像一座兩層的建築，這兩層就是狹義相對論和廣義相對論。為廣義相對論所依據的狹義相對論，適用於除引力以外的一切物理現象；廣義相對論則提供了引力定律，以及它同自然界別種力的關係。

---

*　本文選自《愛因斯坦全集》（第七卷），鄒振隆主譯，由湖南科學
　　技術出版社於 2009 年 5 月出版。

1934 年 12 月 28 日，愛因斯坦被眾多記者團團圍住。

　　我高興地答應你們一位同事的請求，為《泰晤士報》寫點關於「相對論」的東西。[1]在學術界人士之間以前的活躍來往可悲地斷絕了之後，我歡迎有這樣一個機會，來表達我對英國天文學家和物理學家的喜悅和感激之情。為了驗證一個在戰爭時期在你們的敵國內完成並且發表的理論，你們著名的科學家耗費了很多時間和精力，你們的科學機構也花費了大量金錢[2]，這完全符合你們國家中科學工作的偉大而光榮的傳統。雖然研究太陽的引力場對於光線的影響是一件純客

---

[1] 英國日全食觀測結果的初步報告包括 *Einstein* 1919d（文件 23）付印以後，1919 年 11 月 6 日在 Burlington Hause 舉行的皇家學會和皇家天文學會聯席會議上正式宣布了最終結果。關於這個事件，參見本卷序，p.xxx，*Observatory* 42（1919）：389-398，*Crommelin* 1919 和 *The Times*（London），7 November 1919，p.12。由於「對這個困難主題有非常廣泛的科學和公眾興趣」，愛因斯坦同意向《泰晤士報》駐柏林記者簡要說明他的理論及其含義（報導於 *The Times*，〔27 Novembcf 1919〕，p.14）。關於後來對英國人的結果是否證實了廣義相對論的爭議，參見 *Earman and Glymour* 1980a。關於大眾媒體（特別是英國和美國）的報導，參見 *Elton* 1986。

[2] 4 位天文學家，包括 Eddington 在內，和一些輔助人員參加了兩支考察隊。皇家天文學家 Frank W.Dyson（1868-1939）獲得一筆 1000 英鎊的政府基金作為花費。這意味著超過了 1919 年皇家天文學會總預算 2700 英鎊的 1/3（參見 *Monthly Notices of the Royal Astronomical Society* 80〔1919-1920〕：338-339）。關於準備工作的討論，參見 *Eddington* 1920a 和 *Earman and Glymour* 1980a。

觀的事情，但我還是忍不住要爲我的英國同事們的工作，表示我個人的感謝；因爲，要是沒有這一工作，也許我就難以在我有生之年看到我的理論的最重要的含義會得到驗證。③

我們可以把物理學中的理論分爲不同種類，其中大部分是構造性的。它們試圖從比較簡單的形式體系出發，並以此爲材料，對比較複雜的現象構造出一幅圖像。氣體分子運動論就是這樣力圖把機械的、熱的和擴散的過程都歸結爲分子運動，即用分子運動來構造這些過程。當我們說，我們已經成功地理解了一類自然過程，我們的意思必然是指：概括這些過程的構造性理論已經建立起來。

與這類最重要的理論一起，還存在著第二類理論，我稱之爲「原理性理論」。它們使用的是分析方法而不是綜合方法。形成它們的基礎和出發點的元素，不是用假說構造出來的，而是在經驗中發現的，它們是自然過程的普遍特徵，即原理，這些原理給出了各個過程或者它們的理論表述必須滿足的數學形式的判據。熱力學就是這樣力圖用分析方法，從永動機不可能這一普遍的經驗事實出發，推導出各個事件都得滿足的必要條件。

構造性理論的優點是完備性、適應性和靈活性；原理性理論的優點則是邏輯完美和基礎可靠。④

---

③ 在愛因斯坦 1919 年 12 月 6 日致 *Neue Freie Presse*（《新自由報》）的信中，他表示了寫作這篇文章的同樣動機。

④ 關於這種區別的早期說法，參見愛因斯坦致 Arnold Sommerfeld 的信，1908 年 1 月 14 日（第五卷，文件 73）。也見第二卷序 pp.xxi-xxvi。

　　相對論屬於後一類。為了掌握它的本質，首先需要了解它所根據的原理。然而在繼續講述之前我必須首先指出，相對論有點像一座兩層的建築，這兩層就是狹義相對論和廣義相對論。為廣義相對論所依據的狹義相對論，適用於除引力以外的一切物理現象；廣義相對論則提供了引力定律，以及它同自然界別種力的關係。

　　從古希臘時代起當然就已經知道：為了描述一個物體的運動，就需要有另一個物體，使第一個物體的運動可以它作為參照物。一輛車子的運動，是參照地面而言的；一顆行星的運動，是對可見恆星的全體而言的。在物理學中，那種為事件在空間上作參照的物體叫做坐標系。例如，伽利略和牛頓的力學定律，只有借助坐標系才能用公式表達出來。

　　但是，若要使力學定律有效，坐標系的運動狀態就不可任意選取（它必須沒有轉動和加速度）。力學中容許的坐標系叫做「慣性系」。按照力學原理，慣性系的運動狀態不是由自然界唯一確定的。相反，下面的定義仍然有效：一個相對於慣性系做等速直線運動的坐標系，也同樣是一個慣性系。所謂「狹義相對性原理」就意味著這個定義的推廣，用以包括任何自然界的事件：這樣，凡是對坐標系 C 有效的自然界普遍規律，對於一個相對於 C 做等速平移運動的坐標系 C' 也必定同樣有效。

　　狹義相對論所根據的第二條原理是「真空中光速不變原理」。這原理斷言：光在真空中總是有一個確定的傳播速度

（與觀測者或者光源的運動狀態無關）。⑤物理學家所以信賴這條原理，是由於麥克斯韋和洛倫茲的電動力學所取得的成就。

上述兩條原理都受到經驗的有力支援，但它們在邏輯上卻好像是互相矛盾的。狹義相對論終於成功地把它們在邏輯上協調了起來，這是由於修改了運動學，即（從物理學的觀點）論述空間和時間的規律的學說。這樣就弄清楚了：說兩個事件是同時的，除非指明這是對某一坐標系而言的，否則就毫無意義；量度工具的形狀和時鐘的快慢，都同它們相對於坐標系的運動狀態有關。

但是，舊的物理學，包括伽利略和牛頓的運動定律，不適合上述相對論性的運動學。如果上述兩條原理真的可用，那麼自然規律就必須遵循由相對論性運動學得出的普遍數學條件。物理學必須適應這些條件。特別是，科學家得到了一個關於（高速運動著的）質點的新的運動規律，這在帶電粒子的情況下已經被美妙地證實了。狹義相對論最重要的結果，是關於物質體系的慣性質量。這個結果是：一個體系的慣性必然同其所含能量有關。由此又導致這樣的觀念：慣性

---

⑤ 在打字版中，由於誤認了前一個單詞的最後三個字母，在「Bewegungszustand（運動狀態）」和「der Lichtquelle（光源）」之間加了一個「und（和）」，*Einstein* 1934a 在「und」之前加了一個「von（從）」，平衡了這個錯誤。因而，在英譯本 *Einstein* 1934b 中「與其源的速度無關」這一段變成了「與觀測者和光源的運動狀態無關」。關於這個錯誤後來的歷史，參見 *Stachel* 1987。

質量就是潛在的能量。質量守恆原理失去了它的獨立性，而與能量守恆原理融合在一起了。

狹義相對論其實就是麥克斯韋和洛倫茲電動力學的有系統的發展，然而又指向了它自身的範圍以外。難道物理定律與坐標系運動狀態無關這一點，只限於坐標系相互等速平移運動嗎？自然界同我們的坐標系及其運動狀態究竟有何相干呢？如果為了描述自然界，必須用到一個我們隨意引進的坐標系，那麼這個坐標系運動狀態的選擇就不應受到限制；規律應當同這種選擇完全無關（廣義相對性原理）。

下面這一早已知道的經驗事實，使得廣義相對性原理的建立比較容易。這事實是，物體的質量和慣性是受同一常數支配的（慣性質量和引力質量的相等）。設想有一個坐標系，它相對於牛頓意義上的慣性系做等速轉動。根據牛頓的教導，應當把出現在這個坐標系中的離心力看成是慣性的效應。但這些離心力完全像重力⑥一樣同物體的質量成比例。在這種情況下，難道不可以把這個坐標系看成是靜止的，而把離心力看做是萬有引力嗎？這似乎是顯而易見的，但卻為經典力學所不容。

以上簡略的考察提示廣義相對論必須給出引力的規律，順著這條思路的不懈努力，已證明我們的希望是合理的。

但是道路卻比人們可能設想的更為崎嶇，因為它要求

---

⑥ 在打字版中，「Schwerewirkungen（重力作用）」改為「Schwerekräfte（重力）」。

放棄 Euclid 幾何。這就是說，決定固體在空間中可能配置的定律，並不完全符合 Euclid 幾何賦予物體的空間定律。當我們談到「空間的彎曲」時，所指的就是這一點。「直線」、「平面」等基本概念，因而在物理學中也就失去了它們的嚴格意義。

在廣義相對論中，空間和時間的學說，即運動學，已不再表現為與物理學的其他部分基本上無關。物體的幾何形狀和時鐘的運行都依賴於引力場，而引力場本身卻又是由物質產生的。

從原理上看來，新的引力理論與牛頓理論分歧很大。但是它的實際結果和牛頓理論的結果非常相近，以至在經驗所能及的範圍內很難找到區別它們的判據。到目前為止已找到的這類判據有：

1. 行星軌道的橢圓繞太陽的旋轉（在水星的例子中已得到證實）。

2. 引力場引起的光線的彎曲（已由英國人的日全食照相得到證實）。

3. 從大質量的恆星射到我們這裡來的光，其譜線向光譜的紅端位移（迄今尚未得到證實）。[7]

該理論的主要誘人之處在於其邏輯的完整性。從它推出的許多結論中，只要有一個被證明是錯的，它就必須被拋棄；要對它進行修改而不破壞其整個結構，那看來是不可能

---

[7] 這個判據自那以來已經得到證實。——英譯版注

的。

　　可是人們不要以爲牛頓的偉大工作眞的能夠被這一理論或任何其他理論所取代。作爲自然哲學領域裡我們整個近代概念結構的基礎，他的偉大而明晰的觀念將永遠保持其獨特的意義。[8]

---

[8] 愛因斯坦覺得有必要安撫英國科學界和大眾媒體中的不平情緒，這些媒體報導說他宣稱摧毀了牛頓的理論。在下議院，劍橋大學物理教授及其在議會的代表 Joseph Lamor（1857-1942）「受到包圍，質詢牛頓是否已被打倒，劍橋是否已經『完蛋』（倫敦《泰晤士報》，1919 年 11 月 8 日，第 12 頁）。當考察隊的初步發現在英國科學促進協會伯恩茅斯會議上宣布時（見 *Einstein* 1919d〔文件 23〕，注 2），伯明罕大學校長 Oliver J.Lbdge（1851-1940）表示，他希望最終結果會表明偏轉爲 0.87"，即牛頓理論預言的值（見 *Observatory* 42〔1919〕：364）。牛津大學實驗哲學教授，Clarendon 實驗室主任 Fredrick A.Lindmann（1886-1957）相當詳細地向愛因斯坦通報了有關幾位英國頂尖科學家的抵觸。他還補充說，《泰晤士報》關於相對論如何推翻了牛頓理論的報導已經「傷害了民族感情並極大地震驚了世界」（「hat...das national Gefühl verletzt & die Welt in grosse Aufregung versetza」；Frederick A.Lindemann 致愛因斯坦的信，1919 年 11 月 23 日）。愛因斯坦還從 Ehrenfest 那裡得到類似的消息（Paul Ehrenlest 致愛因斯坦的信，1919 年 11 月 24 日）。

附注：你們報紙上關於我的生活和爲人的某些報導，完全是出自作者的生動想像。⑨爲了讓讀者開心，這裡還有相對性原理的另一應用：今天我在德國被稱爲「德國的學者」，而在英國則被稱爲「瑞士的猶太人」。如果我命中註定要被說成一個最討厭的傢伙，那麼情況就會反過來，對於德國人來說，我將變成「瑞士的猶太人」；而對於英國人來說，我卻變成了「德國的學者」。⑩

---

⑨ 參見倫敦《泰晤士報》1919 年 11 月 8 日第 12 頁題爲「阿爾伯特・愛因斯坦博士」的一個短注，在那裡他被稱爲「一個瑞士猶太人」。他的學術任職簡歷爲：「在一段時期中任蘇黎世工業大學數學物理教授，後任布拉格大學教授。之後他被提名爲柏林皇家科學院院士。」至於他的政治立場，「在停戰時他曾在一份支持德國革命的呼籲書上簽名。他是一個熱心的猶太復國主義者」。這裡提到的呼籲書可能是號召參加民主黨。發表於《柏林日報》（*Berliner Tageblatt*）（16 November 1918）（見第八卷，1918 年日程表，p.1029）。

⑩ 愛因斯坦非常欣賞他自己的玩笑，以致對 Ehrenfest 又重複了一遍（愛因斯坦致 Paul Ehrenfest 的信，1919 年 12 月 4 日）。關於它在報紙上的反響，見文件 26，注 4。

附 錄 IV

我對反相對論公司的答覆[*][①]

　　我一直被人指責為相對論作乏味的廣告宣傳活動。但我可以說，我一生都支援用詞審慎和表達簡練。誇張的言辭使我感到肉麻，不管這些言辭是關於相對論的還是任何別的東西的。我時常嘲笑別人感情衝動，而它現在竟然落到我的頭上。不過，我也樂意偶爾讓反相對論公司的大人先生們開開心。

[*]　本文選自《愛因斯坦全集》（第七卷），鄒振隆主譯，由湖南科學技術出版社於 2009 年 5 月出版。

　　發表於《柏林日報》1920 年 8 月 27 日，早晨版，pp. 1-2。

1943 年 5 月 24 日，在紐約卡內基音樂廳，慶祝哥白尼誕辰 400 周年，將有哥白尼名言的獎牌頒發給 10 位傑出的「現代革新者」。

在「德國自然科學家工作協會」這個冠冕堂皇的名稱下，拼湊了一個雜七雜八的團體，[2]它當前的目標看來是要在非物理學家的心目中貶低相對論及其創建者我本人。Weyland 和 Gehrcke 兩位先生最近在柏林音樂廳就此作了他們的第一次演講。我本人也在場。[3]我非常清楚地知道，這兩

---

① 關於引出這篇文章的事件的背景，見《〔編者按〕愛因斯坦同德國反相對論者的衝突》pp. 101-113。也見 *Fölsing* 1993，pp. 520-529。在回答 Paul Ehrenfest 對這個文件的批評（Paul Ehrenfest 致愛因斯坦的信，1920 年 9 月 2 日），和他懷疑該文可能並非愛因斯坦本人所寫時，愛因斯坦告訴他：「那是我在一天早晨一口氣寫出來的，完全出自我自己的手筆」（Ich habe ihn ganz unbeeinflusst eines Vormittags in einem Zuge hingeschrieben。愛因斯坦致 Paul Ehrenfest 的信，1920 年 9 月 10 日以前）。Ehrenfest 也對洛倫茲表示了他的震驚（Paul Ehrenfest 致 Hendrik A. 洛倫茲的信，1920 年 9 月 2 日，NeLR，H. A. 洛倫茲案卷）。

② 德國自然科學家保衛純科學工作協會（Arbeitsgemeinschaft deutscher Naturforscher zur Erhaltung reiner Wissenschaft）是 Paul Weyland 建立的一個未登記的組織（見 *Kleinert* 1993 和 *Goenner* 1993，pp. 120-123）。

③ 這個事件在 *Weyland* 1920a 中預先作了宣傳，後來幾家報紙，包括 *Berliner Tageblatt*、*Vossische Zeitung*、*Vorwärt* 和 8-*Uhr Abendblatt*（部分重印於 *Weyland* 1920b）作了詳細報導。Weyland 的演講發表於 *Weyland* 1920b，pp. 10-20；Gehrcke 的演講以 *Gehrcke* 1920 出現，在開會時發表。愛因斯坦靜靜地坐在一個包廂中，震耳的咆哮聲清楚可聞：「必須卡住這個猶太佬的咽喉」

位演講者都不值得用我的筆去回答，而且我有充分的理由相信，他們的動機並不是追求眞理的願望（假如我是一個德國國家主義者，不管有沒有卐字徽記，而不是一個有自由主義和國際主義傾向的猶太人，那麼……）。因此，我所以作出答覆，僅僅是由於一些好心人不斷勸說，認爲應當把我的觀點亮出來。

　　首先我必須指出，就我所知，今天簡直沒有一位在理論物理學中作出重大貢獻的科學家，會不承認相對論是合乎邏輯地建立起來，並且是符合那些迄今已判明是無可爭辯的事實的。最傑出的理論物理學家，即 H. A. 洛倫茲、M. Planck、Sommerfeld、Laue、Born、Larmor、Eddington、Debije、Langevin、Levi-CiVita 都堅定地支援這個理論，

（「man sollte diesem Juden an die Gurgel fahren.」*Die Umschau* 24〔1920〕：554）。根據另一篇報導，「在星期二的會議結束時，靠近愛因斯坦的一些學生以壓倒一切的聲音喊道：『眞該抓住這個猶太豬的咽喉。』」（「sogar Studenten nach Schluß der Versammlung am Dienstag in der Nähe von Professor Einstein, ... u. a. ganz laut sagten: 'Diesem Saujuden mü*ß*te man eigentlich an die Gurgel springen.'」*Vossische Zeitung* 29 August 1920, Morning Edition, Supplement 4, p.1）與會者還包括 Walther Nemst、Max yon Laue 和 Ilse Einstein（*Vossische Zeitung*，重印於 *Weyland* 1920*b*，p.6；Max von Laue 致 Arnold Sommerfeld 的信，1920 年 8 月 25 日〔GyMDM，Sommerfeld 遺物，1977-28/A，197(5)〕）。

而且他們自己也對它作出了有價值的貢獻。④在有國際聲望的物理學家中間，直言不諱地反對相對論的，我只能舉出Lenard的名字來。⑤作爲一位精通實驗物理學的大師，我欽佩Lenard；但是他在理論物理學方面並沒有任何建樹，而且他反對廣義相對論的意見如此膚淺，以致到目前爲止我都不認爲有必要詳細回答它們。現在我打算爲此做點彌補工作。⑥

我一直被人指責爲相對論作乏味的廣告宣傳活動。但我可以說，我一生都支援用詞審愼和表達簡練。誇張的言辭使我感到肉麻，不管這些言辭是關於相對論的還是任何別的東西的。我時常嘲笑別人感情衝動，而它現在竟然落到我的頭上。不過，我也樂意偶爾讓反相對論公司的大人先生們開開心。⑦

---

④ 列入 Larmor 的名字看來不恰當；關於 Larmor 對廣義相對論的保留，見 *Hentschel* 1998，pp. 496-500。

⑤ 參見他反相對論的小冊子 *Lenard* 1918 和他在 *Lenard* 1920 中補充的評論。

⑥ 愛因斯坦在這裡沒有提及他在 *Einstein* 1918k（文件 13）中對 Lenard 批評的回答。

⑦ 這一段的原文是：「Vor hochtönenden Phrasen und Worten bekomme ich eine Gänsehaut, mögen sie von sonst etwas oder von Relativitätstheorie handeln.Ich habe mich oft lustig gemacht über Ergüsse, die nun zuguterletzt mir aufs Konto gesetzt werden. Uebrigens lasse ich den Herren von der G.m.b.H.gerne das Vergnügen.」

現在來談演講。Weyland 先生看來根本就不是一位專家（醫生？工程師？還是政客？我也弄不清），除了破口大罵和卑鄙的指控，他一點也沒有提出什麼實質性問題。[8]第二個演講人 Gehrcke 先生一邊透過編織赤裸裸的謊言，一邊試圖透過單方面挑選經歪曲的材料，在不了解情況的外行人中間製造虛假印象。下面的例子可以證明這一點：[9]

Gehrcke 先生宣稱相對論會導致唯我論，所有專家都會把這個斷言當做笑話來看待。他的根據是兩只鐘（或孿生

----

[8] Weyland 對愛因斯坦的主要責難是「為相對論作廣告」，其實是重複 Gehrcke 老早就已經提出過的指控。見《〔編者按〕愛因斯坦與德國反相對論者的衝突》pp. 101-113。

[9] Gehrcke 在回答愛因斯坦的指責時，斷然否認他有澄清科學問題以外的任何動機：「我拒絕追隨愛因斯坦對我進行粗暴人身攻擊的做法；對於他的言論，只要是客觀的，我將在別處給予答覆⋯⋯我只想說，愛因斯坦將發現，要證明在我多年來提供的反相對論的真實論據與任何政治的或個人的動機之間存在聯繫，會是很困難的。」（「Den hier von Einstein mir gegenüber eingeschlagenen Weg der unsachlichen persänlichen Polemik lehne ich ab zu verfolgen: eine Antwort auf die Ausführungen Einsteins, soweit sie sachlich sind, wird an anderer Stelle erteilt werden...Ich möchte nur bemerken, daβ es Einstein schwer fallen dürfte, den Beweis dafür anzutreten, daβ ein Zusammenhang zwischen meinen jahrelangen, sachlichen Widersprüchen gegen die Relativitätstheorie mit politischen und persönlichen Beweggründen besteht.」 *Deutsche Zeitung*, 1 September 1920）

子）的著名例子。其中一個相對於慣性系作往返旅行，而另一個不動；他斷言在這種情況下相對論會導致真正荒唐的結果：緊靠在一起的兩只鐘每一只都比對方慢 —— 儘管許多傑出的相對論專家已經（透過口頭或書面）證明他的說法是錯誤的。我只能把這看做是故意試圖誤導門外漢。⑩

再者，Gehrckce 先生提到了 Lenard 先生提出的批評，其中許多都與來自日常生活的力學例子有關。由於我普遍地證明了廣義相對論的陳述在一級近似下與經典力學一致，這些批評已經失去了根據。

Gehrcke 先生關於相對論的實驗的證實所說的話，對於我是最有說服力的證據，表明他的目的並不是要揭示真正的事實。

Gehrcke 先生希望我們相信，水星近日點的運動無需相對論也可以得到解釋。這裡有兩種可能性。要麼人們虛構出一種特別的行星際物質，其質量之大和分布方式正好說明近日點運動的測量結果。⑪當然這種辦法與相對論的處理比起來

---

⑩ 關於 Gehrcke 把時鐘佯謬解釋為狹義相對論弱點的許多意圖，見《〔編者按〕愛因斯坦同德國反相對論者的衝突》pp. 101-113。愛因斯坦在 *Einstein* 1918k（文件 13）中對 Gehrcke 的回答，只是使得他的觀點更加強硬。在 *Gehrcke* 1914，p. 39 中，Gehrcke 已經爭辯說，Minkowski 時空幾何導致了唯我論。

⑪ 這個假說是在 *Seeliger* 1906 中提出的；有關歷史背景見 *Earman and Janssen* 1993。

是非常不令人滿意的。⑫後者無需任何假設就解釋了水星近日
點的運動。另一種辦法是引證 Gerber 的論文,他在我之前
給出了水星近日點運動的正確公式。可是專家們不僅同意
Gerber 的推導從始至終都有缺陷,而且還認爲從 Gerber 的
假設出發不可能推出這個公式。因此,Gerber 先生的論文
是完全沒有價值的、失敗的、無法修補的理論嘗試。⑬我聲明
是廣義相對論提供了水星近日點運動的第一次真正的解釋。
我未提 Gerber 的論文,是因爲我在寫作水星近日點運動的

---

⑫ Paul Gerber(1854-1917 以前)是波美拉尼亞地區施塔加德的一
名高中教師,他的行星近日點進動公式首先發表於 *Geber* 1898;
Gehrcke 在 *Annalen der Physik* 上重新發表了 Gerber 較長的研究,
Gerber 1902。在 *Gerber* 1916 中,他比較了 Gerber 和愛因斯坦的
公式,顯示它們是相同的。

⑬ Gerber 推導的基礎,在形式上類似於 Wilhelm Weber 對電磁力所採
用的超距作用方案(見 *Laue* 1917)。Gerber 的主要想法是引力以
光速而非暫態傳播。Laue 後來證明,Gerber 的方法爲大家所熟知,
可以回溯到 19 世紀 70 年代出版的著作(見 *Laue* 1820*b*)。Gerber
只是引入了一個 3 的因數,沒有任何清楚的理由這樣做,就得到
了「正確」的定量結果。所以,愛因斯坦說他在 *Einstein* 1915*h*
(第六卷,文件 24)中的推導是第一次基於第一原理「解釋」了
水星近日點運動反常,而不是像在 *Seeliger* 1906 中提出的那種特
定的論證,這斷言無疑是正確的。Gerber 的推導也受到 *Laue* 1917
和 *Seeliger* 1917 的批評。Lenard 後來提出,Laue 和 Seeliger 反對
Gerber 結果的論據是過分吹毛求疵了;見 *Lenard* 1918,pp.1-2 和
《〔編者按〕愛因斯坦同德國反相對論者的衝突》pp. 101-113。

文章時並不知道它；而且即便我知道這篇論文，也沒有理由提到它。所有的專家已經判明，Gehrcke 和 Lenard 先生在這個問題上針對我的人身攻擊是完全不公正的；到現在爲止，我認爲就此再多說一句話，就會有失我的尊嚴了。⑭

Gehrcke 先生在他的演講中，帶偏見地說到英國人專控實施的掠過太陽光線偏折測量的可靠性，他只提到三個獨立觀測組中的一個；即由於定日鏡變形引起了錯誤結果的那一個。他沒有提到，英國天文學家在他們自己的正式報告中，已經把他們的結果解釋爲廣義相對論的輝煌證實。⑮

關於譜線紅移問題，Gehrcke 先生並沒有透露目前的測量仍然彼此矛盾，因此還不能作出最終決定。他只引證了不利於相對論預言存在譜線移動的證據，但卻隱瞞了以前的結果不再令人信服的事實，Grebe、Bachem 和 Perot 等人最新的研究已顯示了這一點。⑯

---

⑭ 這是指 Gehrcke 在 *Gehrcke* 1916 中提出的剽竊指揮，以及 Lenard 在 *Lenard* 1918 中使 Gehrcke 的工作正統化的努力。愛因斯坦通知 *Annalen der Physik* 的合著者 Wilhelm Wien，他不打算回答 Gehrcke 的指控（愛因斯坦致 Wilhelm Wien 的信，1916 年 10 月 17 日〔第八卷，文件 267〕）。

⑮ 關於英國觀測隊和他們的結果，見 *Einstein* 1919d（文件 23），注 2-4。

⑯ Gehrcke 指的是 Karl Schwarzschild 和 Charles E.St.John 沒有探測到預期引力紅移的工作。他沒有談到在 *Grebe and Bachem* 1919，1810a 和 1920b 中報導的下面發現，僅僅表示 Ludwig C.Glaser 很

　　最後，我想指出，由於我的建議，在巴特瑙海姆的自然科學家集會上，已經安排了關於相對論的討論。任何敢於面對科學論壇的人，都可以到那裡去提出自己的反對意見。[17]

　　看到相對論和它的創建者在德國受到這樣的誣衊，將會在外國產生一種奇怪的印象，特別是我的荷蘭和英國同行 H. A. 洛倫茲和 Eddington，這些先生們在相對論領域裡緊張地工作，並且不斷就這個主題進行演講。[18]

快會分析全部實驗結果。的確在 9 月 2 日，Glaser 是 Weyland 在音樂廳組織的反相對論演講第二個晚上（也是最後一個晚上）唯一的報告人。Glaser 的批評主要是針對 Leonhard Ch.Grebe 和 Albert J.Bachem，而不是針對 Alfred Perot 的工作。Perot（1863-1925）是巴黎理工大學物理學教授。關於他在本文件之前對測量引力紅移的貢獻，見 *Perot* 1920*a* 和 1920*b*。是 Arnold Berliner 提請愛因斯坦注意 Perot 的新結果（Arnold Berliner 致愛因斯坦的信，1920 年 8 月 19 日）。進一步的討論，見 *Hentschel* 1992 和 1998，pp. 227-229、514-535。

[17] 這些討論發生在 1920 年 9 月 23 日舉行的德國自然科學家和醫生協會巴特瑙海姆會議上（見 Einstein et al.1920〔文件 46〕）。

[18] 對於來自國外的反應，見 Hendrik A. 洛倫茲致愛因斯坦的信，1920 年 9 月 3 日；*Paul Ehrenfest* 致愛因斯坦的信，1920 年 8 月 28 日和 1920 年 9 月 2 日；愛因斯坦致 Paul Ehrenfest 的信，1920 年 9 月 10 日以前。

阿爾伯特·愛因斯坦　年表
Albert Einstein, 1879-1955

年代	生平記事
1879	出生在德國烏爾姆市。父母都是猶太人。
1880	舉家遷居慕尼黑。
1881	妹妹瑪雅出世。
1884	進天主教小學讀書。
1886	在慕尼黑公立學校讀書。
1888	進入路特波德文科中學。
1894	全家遷往義大利帕維亞。
1895	放棄德國國籍，成爲無國籍人。年僅十六歲撰寫了第一篇理論物理論文，標題爲〈論在磁場裡乙太狀態的研究〉。
1896	獲阿勞中學畢業證書。十月進蘇黎世聯邦工業大學學習物理。
1899	正式申請瑞士公民權。
1900	畢業於蘇黎世聯邦工業大學。
1901	取得瑞士國籍。
1902	十月，父病故。
1903	與米列娃結婚。成爲伯恩瑞士專利局正式職員。
1904	長子漢斯出生。
1905	向蘇黎世大學提出論文〈分子大小的新測定法〉，取得博士學位。 發表了關於光電效應、布朗運動、狹義相對論、質量和能量關係的四篇論文，在物理學的四個不同領域中取得了歷史性成就。該年被後人稱爲「愛因斯坦奇蹟年」。
1907	開始研究引力場理論，論文〈關於相對性原理和由此得出的結論〉提出均勻引力場與均勻加速度的等效原理。

年代	生平記事
1909	辭去專利局工作，任蘇黎世大學理論物理學副教授。
1910	次子愛德華出生。十月完成關於臨界乳光的論文。
1911	轉任布拉格大學教授。 完成論文〈論重力對光的傳播的影響〉；在這篇論文裡，他對光線在重力場中的偏折重新加以詳細分析。
1912	回瑞士，任母校蘇黎世聯邦工業大學理論物理學教授。開始與格羅斯曼合作探索廣義相對論。
1913	普朗克和能斯特來訪，聘請愛因斯坦為柏林威廉皇家物理研究所所長兼柏林大學教授。 與格羅斯曼共同發表了論文〈廣義相對論和重力理論綱要〉。
1914	從蘇黎世遷居到柏林。擔任威廉皇家物理研究所的第一任所長（1914－1932）兼柏林洪堡大學教授。
1915	發表了廣義相對論。
1916	獲選為德國物理學會的會長（1916－1918）。
1917	在〈論輻射的量子性〉一文中提出了受激輻射理論，開創了雷射學術領域。
1919	與米列娃離婚。六月與艾爾莎結婚。
1921	由於在光電效應方面的研究成果，愛因斯坦獲1921年度的諾貝爾物理學獎（延後頒發一年，1922年才獲獎）。
1924	發表論文〈單原子理想氣體的量子理論〉。
1925	獲科普利獎章。
1929	獲普朗克獎章。

年代	生平記事
1931	著作《關於錫安主義的演講與信件》裡，收集了很多愛因斯坦在這方面發表的資訊國的軍事侵略。
1933	為了逃避納粹德國，移民到美國，居住在普林斯頓。
1935	與波多耳斯基和羅森合作，發表向哥本哈根學派挑戰的論文，宣稱量子力學對實在的描述是不完備的。
1936	開始與英費爾德和霍夫曼合作研究廣義相對論的運動問題。 十二月，妻艾爾莎病故。
1939	在西拉德推動下，上書羅斯福總統，建議美國抓緊原子能研究，防止德國搶先掌握原子彈。
1940	取得美國公民。
1948	前妻米列娃在蘇黎世病故。
1955	在醫院逝世，當日遺體火化。遵照其遺囑，不發訃告、不舉行公開葬儀、不做墳墓、不立紀念碑。

索 引

經典名著文庫 136

相對論的意義：在普林斯頓大學的四個講座
The Meaning of Relativity

文 庫 策 劃 —— 楊榮川
作　　　者 —— 愛因斯坦（Albert Einstein）
譯　　　注 —— 李灝
編 輯 主 編 —— 蘇美嬌
特 約 編 輯 —— 張碧娟
封 面 設 計 —— 姚孝慈
著 者 繪 像 —— 莊河源
出 版 者 —— 五南圖書出版股份有限公司
發 行 人 —— 楊榮川
總 經 理 —— 楊士清
總 編 輯 —— 楊秀麗
　　　地　　　址 —— 臺北市大安區 106 和平東路二段 339 號 4 樓
　　　電　　　話 —— 02-27055066（代表號）
　　　傳　　　眞 —— 02-27066100
　　　劃 撥 帳 號 —— 01068953
　　　戶　　　名 —— 五南圖書出版股份有限公司
　　　網　　　址 —— https://www.wunan.com.tw
　　　電 子 郵 件 —— wunan@wunan.com.tw
法 律 顧 問 —— 林勝安律師
出 版 日 期 —— 2021 年 5 月初版一刷
　　　　　　　　 2024 年 11 月初版二刷
定　　　價 —— 350 元

國家圖書館出版品預行編目資料

相對論的意義：在普林斯頓大學的四個講座 / 愛因斯坦
(Albert Einstein) 著；李灝譯 . -- 初版 . -- 臺北市：
五南圖書出版股份有限公司，2021.05
　　面；公分 . -- （經典名著文庫 136）
譯自：The meaning of relativity.
　ISBN 978-986-522-399-1（平裝）

　1. 相對論

331.2　　　　　　　　　　　　　　　　109020906